"双高"建设规划教材

高职高专"十四五"规划教材

冶金工业出版社

热 带 钢 轧 制

Hot Strip Rolling

主　编　张景进　　杨晓彩　　李秀敏　　霍　锋
副主编　戚翠芬　　赵晓萍　　刘燕霞　　张　梅

U0315759

扫码输入刮刮卡密码
查看数字资源

北　京
冶金工业出版社
2023

内 容 提 要

本书共分 10 章，主要内容包括热轧带钢生产工艺及设备、热连轧带钢生产计算机控制、控制台操作、厚度和宽度控制、张力控制、速度控制、温度控制、板形控制、轧制计划编制、产品外观缺陷等。

本书可作为高职高专院校智能轧钢技术等专业的教材，也可供有关科研人员和工程技术人员参考。

图书在版编目（CIP）数据

热带钢轧制/张景进等主编 . —北京：冶金工业出版社，2023.2
"双高"建设规划教材
ISBN 978-7-5024-9298-4

Ⅰ.①热… Ⅱ.①张… Ⅲ.①带钢—热轧—高等职业教育—教材 Ⅳ.①TG335.11

中国版本图书馆 CIP 数据核字（2022）第 189198 号

热带钢轧制

出版发行	冶金工业出版社	电　　话	(010)64027926
地　　址	北京市东城区嵩祝院北巷 39 号	邮　　编	100009
网　　址	www.mip1953.com	电子信箱	service@ mip1953.com

责任编辑　杜婷婷　马媛馨　美术编辑　彭子赫　版式设计　郑小利
责任校对　葛新霞　责任印制　窦　唯
三河市双峰印刷装订有限公司印刷
2023 年 2 月第 1 版，2023 年 2 月第 1 次印刷
787mm×1092mm　1/16；14.75 印张；358 千字；223 页
定价 49.00 元

投稿电话　(010)64027932　投稿信箱　tougao@cnmip.com.cn
营销中心电话　(010)64044283
冶金工业出版社天猫旗舰店　yjgycbs.tmall.com
（本书如有印装质量问题，本社营销中心负责退换）

"双高"建设规划教材

编 委 会

天津工业职业学院	张秀芳
天津工业职业学院	林 磊
邢台职业技术学院	赵建国
邢台职业技术学院	张海臣
新疆工业职业技术学院	陆宏祖
河钢集团钢研总院	胡启晨
河钢集团钢研总院	郝良元
河钢集团石钢公司	李 杰
河钢集团石钢公司	白雄飞
河钢集团邯钢公司	高 远
河钢集团邯钢公司	侯 健
河钢集团唐钢公司	肖 洪
河钢集团唐钢公司	张文强
河钢集团承钢公司	纪 衡
河钢集团承钢公司	高艳甲
河钢集团宣钢公司	李 洋
河钢集团乐亭钢铁公司	李秀兵
河钢舞钢炼铁部	刘永久
河钢舞钢炼铁部	张 勇
首钢京唐钢炼联合有限责任公司	王国连
河北纵横集团丰南钢铁有限公司	王 力

前　言

本书主要面向热连轧带钢生产车间，以热连轧带钢生产的轧制、卷取过程为对象进行阐述，目的是培养学生轧钢、卷取岗位操作能力。

本书是在企业专家深入参与的基础上，根据热连轧带钢生产岗位群技能要求，首先确定热连轧带钢生产的典型工作任务，然后围绕典型工作任务组织书稿内容。本书旨在使学生通过完成工作任务的过程来学习相关知识，使学与做融为一体，实现理论与实践的结合，保证学生校内学习与实际工作的一致性。

本书由河北工业职业技术大学张景进、杨晓彩、李秀敏，山东星科智能科技有限公司霍锋任主编，河北工业职业技术大学戚翠芬、赵晓萍、刘燕霞，河北科技大学张梅任副主编，参加编写的还有河北钢铁集团邯钢公司的徐战华、管连生、刘永强、张亮。全书由河北钢铁集团杨振东审核。

本书在编写过程中，得到了河北钢铁集团邯钢公司、山东星科智能科技有限公司等单位的大力支持，在此一并表示衷心的感谢。

在本书的编写过程中，参考了有关专业文献和资料，在此向文献资料的作者表示感谢。

由于编者水平所限，书中不妥之处，敬请广大读者批评指正。

编　者

2022 年 6 月

目 录

1 热轧带钢生产工艺及设备

1.1 热轧带钢生产类型

带钢生产分为热轧带钢生产和冷轧带钢生产。

热轧带钢是指经热轧后，或再经酸洗、退火，卷成卷状交货的产品。

经过轧制，钢带边缘会产生轻微凸起，可剪切边缘或将宽钢带纵切后交货。开卷并横切后，热轧带钢可作为定尺或薄板交货。

热轧带钢可进一步划分为：

（1）热轧宽钢带，公称宽度不小于 600mm；

（2）纵切热轧宽钢带，轧制后公称宽度不小于 600mm，切边后公称宽度小于 600mm；

（3）热轧窄钢带，轧制后公称宽度小于 600mm。

1.1.1 按轧制方式分类

热轧带钢生产按轧制方式可分为热连轧带钢生产、炉卷轧机生产和薄带铸轧生产。

1.1.1.1 热连轧带钢生产

热连轧带钢生产，其精轧机组采用连续轧制的方式，流程长、产量大、生产效率高，是现代热轧带钢生产的主流。热连轧带钢生产示意图如图 1-1 所示。

图 1-1 热连轧带钢生产流程图（半连续式）

1.1.1.2 炉卷轧机生产

炉卷轧机也是一种生产热带钢的生产工艺。其特点是单机架或双机架可逆轧机及在两侧的放在炉内的卷取机，主要用于生产不锈钢等特殊材料，年产量仅 40 万~80 万吨。在轧制较厚带坯时，轧件可以不进入炉内卷取机，只有轧件较薄、温降过大的道次，带钢才进入炉内卷取机，出来后经过轧制又立刻进入另一侧的炉内卷取机进行加热。炉卷轧机示意图如图 1-2 所示。

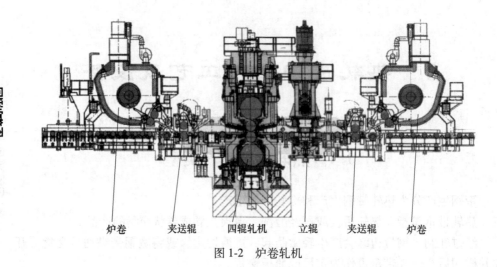

炉卷　　夹送辊　　四辊轧机　　立辊　　夹送辊　　炉卷

图 1-2　炉卷轧机

1.1.1.3　薄带铸轧生产

薄带铸轧生产可不经连铸、加热和热轧等生产工序，由液态钢水直接生产出薄带坯，双辊薄带铸轧技术的特点是金属凝固与轧制变形同时进行，在短时间内完成从液态金属到固态薄带的全部过程。目前，具有代表性的薄带连铸工艺有美国纽柯的 Castrip、欧洲的 Eurostrip、韩国浦项的 Postrip、日本新日铁的 Hikari、宝钢的 Baostrip 及东北大学 RAL 的 E^2Strip 等，其中以 Castrip 工业化水平最高。Castrip 薄带铸轧生产示意图如图 1-3 所示。

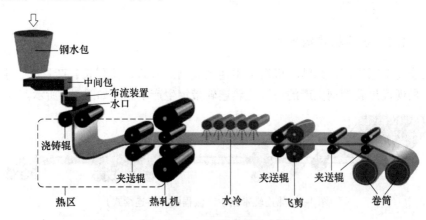

钢水包

中间包
布流装置
水口

浇铸辊

热区　　　夹送辊　　　热轧机　　　水冷　　夹送辊　飞剪　夹送辊　　卷筒

图 1-3　Castrip 薄带铸轧生产

沙钢通过引进纽柯超薄带 Castrip 技术并结合自主创新，于 2019 年 3 月实现工业化生产，产品有 0.7~1.9mm 厚的低碳钢、高强钢、高碳钢、耐候钢等产品。截至 2019 年 3 月底，该生产线上已生产超薄带超 20 万吨，产品涉及货架、汽车、农机、集装箱、锯片等多个领域。该技术具有三个显著的特点：一是流程短、占地少，常规热连轧产线长度一般要 800m 左右，而超薄带产线长度仅 50m 左右；二是能耗低、排放少，超薄带工艺总能耗大约是传统热连轧工艺的 1/5 左右，二氧化碳排放量大约是传统热连轧工艺的 1/4 左右，与传统热连轧相比，燃耗、水耗、电耗减少幅度很大，节能环保效果十分显著；三是节奏快、性能稳，超薄带技术的优势在于能够非常高效地生产超薄、超宽的高强钢和特殊钢，而且产品性能稳定，批次间波动小。

1.1.2　按坯料厚度分类

热连轧带钢生产按照所使用的连铸板坯厚度可以分为常规（或传统）热连轧带钢生产、薄板坯连铸连轧带钢生产、中薄板坯热连轧带钢生产。

1.1.2.1　常规（或传统）热连轧带钢生产

常规（或传统）热连轧带钢生产机组具有以下特征：连铸板坯厚度在 200mm 左右，长度一般为 4.5~9m（也有达到 12.5m）；具有一定容量的板坯库；具有完善的生产流程线，宽带钢机组年产量多在 400 万吨左右。常规热连轧带钢生产技术经过不断的改进与完善，在板带钢的生产中仍然占据着主导地位，尤其在带钢的性能与表面质量方面有着不可比拟的优势。马钢 2250mm 热带钢机组年产量 550 万吨，坯料厚 230mm、250mm，马钢 2250mm 工艺流程如图 1-4 所示。

图片：马钢 2250mm 工艺流程图

图 1-4　马钢 2250mm 工艺流程图（半连续式）

1.1.2.2　薄板坯连铸连轧带钢生产

薄板坯连铸连轧带钢生产工艺技术，是 20 世纪 80 年代钢铁工业生产具有突破性的重大技术进步。其坯料厚度多在 40~90mm，坯料长度较长，多采用辊底直通式加热炉。由于其流程短、规模适当、投资费用较低，所生产的热轧普通用途的带钢具有较好的市场竞争力。邯钢薄板坯连铸连轧工艺流程如图 1-5 所示。

图片：邯钢薄板坯连铸连轧工艺流程图

图 1-5　邯钢薄板坯连铸连轧工艺流程图

1.1.2.3　中薄板坯热连轧带钢生产

薄板坯连铸连轧在普通用途的带钢生产上具有优势，但其所能生产的产品品种受到限制，质量有待于进一步提高，鉴于此，又出现了中薄板坯热连轧带钢生产，其坯料厚度介于 90～150mm，如坯料厚度在 135mm 的中薄板坯热连轧带钢生产线，其投资较小，所能生产的产品品种较全。鞍钢 1700ASP 工艺流程如图 1-6 所示。

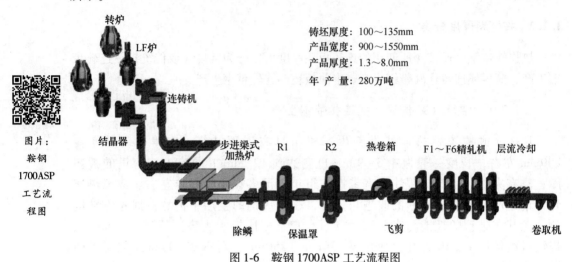

铸坯厚度：100～135mm
产品宽度：900～1550mm
产品厚度：1.3～8.0mm
年 产 量：280万吨

图片：
鞍钢
1700ASP
工艺流
程图

转炉　LF炉　连铸机　结晶器　步进梁式加热炉　R1　R2　热卷箱　F1～F6精轧机　层流冷却　除鳞　保温罩　飞剪　卷取机

图 1-6　鞍钢 1700ASP 工艺流程图

1.1.3　按生产连续性分类

热连轧带钢通常采用单卷生产的方式，为了生产超薄带钢，以热带冷，在单卷生产的基础上又开发了无头、半无头轧制技术。

1.1.3.1　单卷生产

精轧机组采用单块轧制，通常经过穿带、加速轧制、减速轧制、抛钢、甩尾等一系列过程，导致尺寸、性能不均，卡钢、甩尾事故时有发生，且很难在原有工艺框架内得到解决。无头轧制技术正是解决这些问题的一项重要的技术突破。

1.1.3.2　常规无头轧制

1995—1996 年，日本川崎钢铁公司千叶厂成功开发了无头连续轧制宽带钢技术（见图 1-7），该技术解决了在一般热连轧机上生产厚度 0.8～1.2mm 超薄带钢的一系列技术难题。该技术是在精轧机组前将两卷中间带坯头尾端切齐并由电感应加热器将头尾接合起来，进行连续轧制的技术。在卷取机前由高速飞剪将带钢再切分开来，经地下卷取机卷成钢卷。无头轧制采用动态变规格技术，一组带钢厚度是分步减薄的，穿带和最后一卷带钢为厚度稍厚的带钢，厚度为 1.26～1.66mm。实现无头轧制的主要设备与技术有 3 个卷位的卷取箱、中间带坯切头尾飞剪和电感应接合装置、精轧机组高速高精度厚度变更技术、卷取机前高速切分飞剪及高速穿带装置。

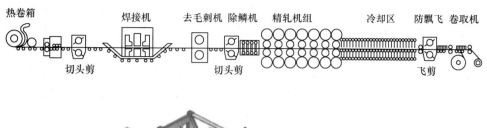

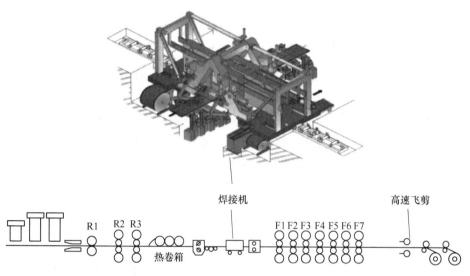

图 1-7 日本川崎千叶厂无头连续轧制示意图

1.1.3.3 薄板坯无头轧制

世界首台薄板坯无头轧制带钢生产线建在意大利阿尔维迪厂,是在该厂 ISP 生产线基础上发展而成的,名为 ESP。在阿尔维迪厂取得成功实践后,我国山东日照钢铁公司引进 5 条 ESP 生产线,可以实现无头、半无头轧制生产,最薄可生产 0.6mm 带钢。此外,还有首钢京唐 MCCR 多模式连续铸轧生产线和唐山全丰节能型 ESP 薄板坯无头轧制生产线。

日照 ESP 工艺流程:300t 转炉→300t LF 炉→300t RH 炉→5m 连铸机→3 架粗轧机→摆剪→转鼓剪→感应加热→5 架精轧机→层流冷却→飞剪→地下卷取机,全长 160m,每条线设计年产能 255 万吨,产品厚度为 0.6~6.0mm,最大宽度达 1600mm。ESP 工艺流程如图 1-8 所示。

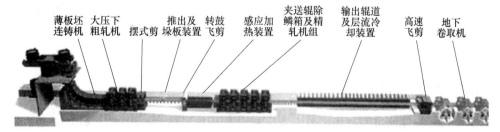

图 1-8 ESP 工艺流程图

铸坯经过大压下轧机轧制成厚度为 8~20mm 的无头中间坯。该无头中间坯通过带保温罩的辊道运送至感应加热炉，感应加热炉以高效、准确、动态在线和灵活的方式将无头中间坯加热至要求的 1200℃ 左右。感应加热炉后设置有夹送辊除鳞箱。无头中间坯经过除鳞后进入精轧机组，轧制成目标厚度的带钢。带钢经过输出辊道和层流冷却后得到理想的微观组织结构。在输出辊道的末端、卷取机之前，高速飞剪将无头带钢进行分卷，然后在地下卷取机上进行卷取。

1.1.3.4 薄板坯半无头轧制

日照 ESP 半无头轧制：对于厚度超过 4mm 的热轧带钢，则用摆式剪或者转鼓飞剪将中间坯按生产单个钢卷的尺寸进行切分，由此 ESP 生产线进入半无头轧制模式。切分后的中间坯将加速前行，以便和下一块中间坯的头部稍拉开一些距离。切分成单卷规格的中间坯经过感应加热炉加热、除鳞并穿带进入精轧机组轧制至成品规格，然后再经层流冷却即可获得微观结构均匀和机加工性能良好的带钢，最后由地下卷取机卷成钢卷。

唐钢的薄板坯连铸连轧生产线最小厚度可以达到 0.8mm。薄板坯在很高的温度下进入轧制线，经过很长的辊底式均热炉，采用半无头轧制工艺轧制厚 0.8~4.0mm、宽 850~1680mm 的薄带钢卷，单位宽度卷重为 18kg/mm。该生产线板坯厚度为 90mm、70mm，采用 2 架不可逆式粗轧机和 5 架精轧机，末架最高出口速度为23.2m/s。其工艺流程如图 1-9 所示。

图片：唐钢薄板坯连铸连轧工艺流程图

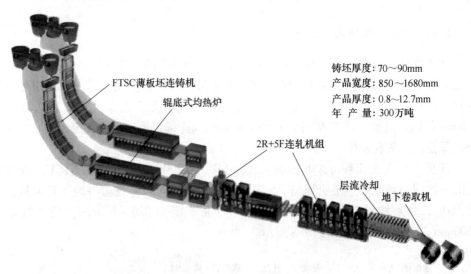

图 1-9 唐钢薄板坯连铸连轧工艺流程图

1.1.4 按粗轧机组布置形式分类

现代热带连轧机的精轧机组大多由 6~7 架组成，区别不大，但其粗轧机组的组成和布置却不相同。表 1-1 为几种典型轧机的粗轧机组布置形式。由表可知，热带连轧机主要分为全连续式、3/4 连续式和半连续式。

表 1-1 粗轧机组布置形式

类型	布置形式及轧制道次
全连续式	立辊 二辊 二辊 二辊或四辊 四辊 四辊 四辊 1 2 3 4 5 6
3/4 连续式	立辊 二辊 四辊可逆 四辊 四辊 1 3 2 4 5 6 二辊可逆或四辊可逆 四辊 四辊 四辊 2 1 4 5 6 3
半连续式	四辊可逆 2 1 3 4 5 立辊 二辊可逆 四辊可逆 2 1 3 4 5 6 四辊可逆 四辊可逆 2 1 3 4 5 6

1.1.4.1 全连续式

全连续式粗轧机通常由 4~6 架不可逆式轧机组成，前几架为二辊式，后几架为四辊式，如图 1-10 所示。全连续式粗轧机的布置形式主要有两种：一种是全部轧机呈跟踪式连续布置；另一种是前几架轧机为跟踪式，后两架为连轧布置。

图 1-10 全连续式热连轧带钢生产

全连续式粗轧机其生产线长、占地面积大、设备多、投资大、对板坯厚度范围的适应性差，所以近期建设的粗轧机已不再采用全连续式。

1.1.4.2　3/4 连续式

3/4 连续式粗轧机为 4 架，一般设置 1~2 架可逆式轧机，可逆式轧机可以放在第二架，也可以放在第一架，一般还是倾向于前者，如图 1-11 所示。

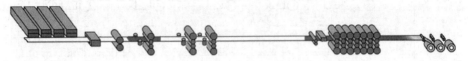

图 1-11　3/4 连续式热连轧带钢生产

1.1.4.3　半连续式

半连续式粗轧机由 1 架或 2 架可逆式轧机组成，如图 1-12 所示。半连续式粗轧机与 3/4 连续式粗轧机相比，具有设备少、生产线短、占地面积小、投资省等特点，且与精轧机组的能力匹配较灵活，对多品种的生产有利。近年来，由于粗轧机控制水平的提高和轧机结构的改进，轧机牌坊强度增大，轧制速度也相应提高，粗轧机单机架生产能力增大，轧机产量已不受粗轧机产量的制约，从而半连续式粗轧机发展较快。

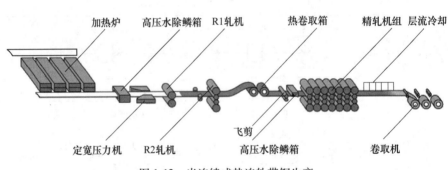

图 1-12　半连续式热连轧带钢生产

1.2　热连轧带钢生产工艺流程

某 2160 半连续式热轧带钢机组，设计年产量为 400 万吨，产品厚度 1.5~19mm，产品宽度 750~2130mm，连铸坯厚度 230mm、250mm。工艺流程如图 1-12 所示。

工艺流程为：连铸坯（DHCR、HCR 或 CCR）→称重、核对→加热→高压水除鳞→定宽压力机→R1 二辊可逆粗轧机→E2/R2 万能四辊粗轧机→热卷取箱→飞剪→高压水除鳞→精轧机组→层流冷却→卷取→检查→打捆→称重→喷印→入库。

热轧生产线与炼钢车间紧凑布置，炼钢车间的一台连铸机出坯辊道直接与热轧轧制线相接（预留直接轧制措施），另一台连铸机出坯辊道与热轧装炉辊道相接，如图 1-13（a）所示。板坯装炉方式有冷装（CCR）、热装（HCR）或直接热装（DHCR）三种模式，预留实现直接轧制（HDR）的可能性。

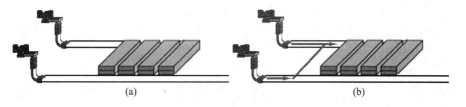

图 1-13 连铸与轧钢车间连接辊道

直接热装的工艺流程：由连铸辊道直接将板坯送到本车间内。按照轧制计划，经称重、核对无误的板坯进入上料辊道并定位在加热炉前，由加热炉装料机将板坯装入步进梁式加热炉，如图 1-13（b）所示。

送入加热炉的板坯加热到设定的板坯出炉温度后，依据轧制节奏的要求，由出钢机将加热炉内的板坯托出并放到出炉辊道上，如图 1-14 所示。

图 1-14 出炉

加热后的板坯经高压水除鳞箱进行除鳞，如图 1-15 所示。除鳞后，板坯由辊道输送至定宽压力机（见图 1-16），依据轧制规程对板坯进行侧压（不需要减宽的板坯直接通过定宽压力机）。

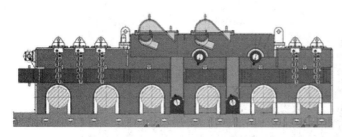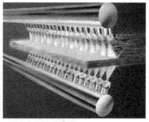

图 1-15 高压水除鳞箱及除鳞示意图

通过定宽压力机的板坯由辊道送至 R1 二辊可逆粗轧机轧制 1~3 道次，再由辊道输送至 E2/R2 附着立辊的四辊粗轧机轧制 3~5 道次，轧制成厚度 30~60mm 的中

图片：定
宽压力机

图 1-16　定宽压力机

间坯。经轧制后的中间坯由传输辊道送至热卷取箱（厚度小于 40mm 的中间坯进入热卷取箱卷取，然后开卷送入飞剪切除中间坯的头尾；厚度大于 40mm 的中间坯通过热卷取箱至飞剪切除中间坯的头尾），然后经精轧除鳞机除鳞后进入六架四辊精轧机组（F7 预留），按照轧制规程设定和精轧机过程控制模型轧制成为成品规格。轧机、热卷取箱、飞剪如图 1-17 所示，精轧机组如图 1-18 所示。

图片：轧
机、热卷
取箱、
飞剪

图 1-17　轧机、热卷取箱、飞剪

图片：精
轧机组

图 1-18　精轧机组

轧件由输出辊道输送至高效率层流冷却系统，根据不同的钢种、规格、产品性能要求、终轧温度和卷取温度，由计算机设定和控制板卷的冷却。层流冷却系统包括精调区和修整区（见图1-19），通过严格地控制带钢冷却速率和最终冷却温度，取得产品要求的目标力学性能。

图片：层流冷却

图 1-19 层流冷却

然后轧件进入两台具有踏步功能的液压卷取机卷取，第三台预留，卷取机如图1-20所示。卷取完毕，卸卷小车把钢卷托出，运至打捆处打捆。打捆完毕后，由步进梁将钢卷送入快速运输链。快速运输链将钢卷运出卷取区，再由步进梁沿快速运输链垂直方向取下钢卷运至转台（需要检查的钢卷由钢卷检查站的钢卷运输车从转台取卷，送至开卷设备开卷取样检查，取样后的钢卷打捆后运回转台）。在转台上的钢卷旋转90°后由后面步进梁输送至称重、喷印区域。称重、喷印后的钢卷由步进梁输送至提升装置。钢卷经提升后，由后面步进梁输送至垂直布置的运输链。由吊车将钢卷从运输链上吊下放在牵引车拖挂的钢卷运输车上，再由牵引车经厂区公路运输至钢卷库。钢卷库内布置有平整分卷机组两套（其中一套预留）和热卷存放跨，平整、包装处理和冷却的钢卷入库存放。后部运输线、平整分卷机组和钢卷库分别如图1-21～图1-23所示。

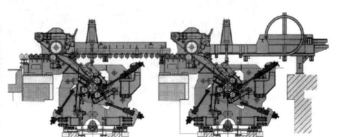

图片：卷取机

图 1-20 卷取机

图 1-21　后部运输线

图 1-22　平整分卷机组

图 1-23　钢卷库

图 1-24 为热连轧带钢生产工艺流程图，概括了现代的热轧宽带钢轧机生产。

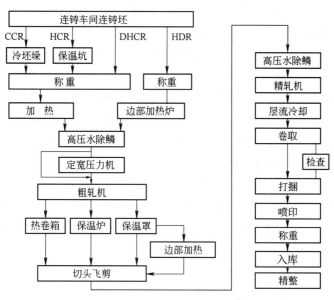

图 1-24　热连轧带钢生产工艺流程图

CCR—冷装炉；HCR—热装炉；DHCR—直接热装；HDR—直接轧制

1.3　连铸与轧制的衔接模式

从温度与热能利用着眼，钢材生产中连铸与轧制两个工序的衔接模式一般有如图 1-25 所示的五种类型。方式 1 称为连铸坯直接轧制工艺（CC-HDR），高温铸坯温度在 1100℃以上，不需进常规加热炉加热，只略经补偿加热即可直接轧制，如图 1-26 所示。方式 2 称为连铸坯直接热装轧制工艺（CC-DHCR），也可称为高温热装

课件：连铸与轧制的衔接模式

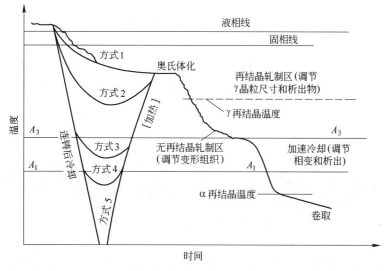

图 1-25　连铸与轧制的衔接模式

图片：连铸与轧制的衔接模式

炉轧制工艺，铸坯温度在 700~1000℃，仍保持在 A_3 线以上奥氏体状态装入加热炉，加热到轧制温度后进行轧制，如图 1-27 所示。方式 3、方式 4 为铸坯冷至 A_3 甚至 A_1 线以下温度（400℃以上）装炉，也可称为低温热装工艺（CC-HCR）。方式 2、方式 3、方式 4 皆需入正式加热炉加热，故亦可统称为连铸坯热装（送）轧制工艺。方式 5 即为常规冷装炉轧制工艺。可以这样说，在连铸机和轧机之间无常规加热炉缓冲工序的称为直接轧制工艺；只有加热炉缓冲工序且能保持连续高温装炉生产节奏的称为直接（高温）热装轧制工艺；而低温热装工艺，则常在加热炉之前还有缓冷坑或保温炉缓冲，即采用双重缓冲工序，以解决铸、轧节奏匹配与计划管理问题。从金属学角度考虑，方式 1 和方式 2 都属于铸坯热轧前基本无相变的工艺，其所面临的技术难点和问题也大体相似：它们都要求从炼钢、连铸到轧钢实现有节奏的均衡连续化生产。故我国常统称方式 1 和方式 2 两类工艺为连铸连轧工艺（CC-CR）。

图片：ESP
工艺流程
图及 ESP
生产温度
曲线

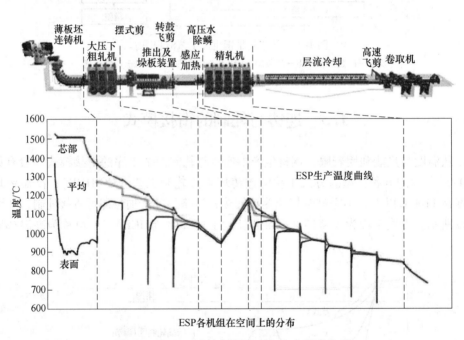

图 1-26　ESP 工艺流程图及 ESP 生产温度曲线

图片：珠
钢薄板坯
连铸连轧

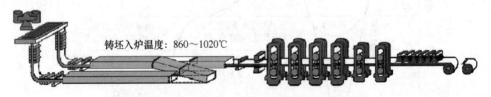

铸坯入炉温度：860~1020℃

图 1-27　珠钢薄板坯连铸连轧

　　一般将铸坯温度达到 400℃作为热装的低温界限，400℃以下热装的节能效果较小，且此时表面已不再氧化，故一般不再称为热装。

1.4 粗轧机组设备

1.4.1 概述

粗轧机组位于加热炉之后，精轧机组之前。经加热炉加热好的板坯，用出钢装置出炉到出炉辊道上，送到除鳞设备除去板坯表面上的一次氧化铁皮。随后，板坯由定宽压力机或立辊轧机调宽、控宽，由粗轧水平轧机轧成适合于精轧机的中间坯。轧制过程中产生的氧化铁皮，由粗轧机前后高压水除鳞装置清除。

板坯宽度精度的控制主要在粗轧机。粗轧机常用的板坯宽度控制方式为宽度自动控制（AWC）。

1.4.2 粗轧机设备

粗轧机设备主要由粗轧除鳞设备、定宽压力机、立辊轧机、水平轧机等组成。辅助设备有工作辊道、侧导板、测温仪、测宽仪等。

1.4.2.1 粗轧机

A 粗轧机及其前后设备

粗轧机的水平轧机结构形式通常为二辊式或四辊式。二辊式布置在机组的前面，四辊式布置在机组的后面。

粗轧机的工作方式分为可逆式和不可逆两种。

粗轧机前后的设备主要有立辊、除鳞集管、护板、机架辊、出入口导板等。粗轧机前后设备的组成如图 1-28 所示。

B 粗轧机压下装置

粗轧机压下装置位于水平轧机牌坊上部，用于调整轧辊的辊缝，控制板坯压下量。压下装置的主要形式有电动压下和液压压下。

常用的电动压下装置有两种形式：一种是单速压下，即轧制过程中的辊缝调整和换辊后的辊缝调零都是一个速度，辊缝调零压靠后的压下螺丝回松由解靠装置实现；另一种是双速压下，即轧制过程中的辊缝调整用快速，换辊后的辊缝调零和压下螺丝回松用慢速。

液压压下装置采用液压缸，系统简单，调整范围大，既可实现轧制过程中的辊缝快速调整，又可满足换辊后的辊缝调零和解靠慢速要求。

1.4.2.2 板坯宽度侧压设备

热轧带钢生产使用连铸板坯做原料，原料和成品宽度需要匹配。连铸板坯生产时，虽然连铸机也有连续改变宽度的装置，但是要满足热轧带钢轧机的各种宽度规格的板坯用料就相当困难，甚至会降低连铸机的产量。为了减少板坯宽度进级，提高连铸生产能力，实现连铸板坯热装节约能源，就要求热轧与连铸相匹配，也就要求使用连铸板坯的热轧带钢轧机具有调节板坯宽度的功能，即要有板坯宽度侧压设

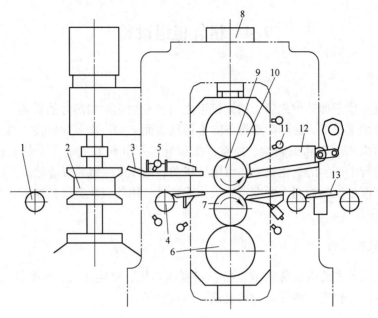

图 1-28　粗轧机及其前后设备

1—辊道；2—立辊；3—入口导板；4—机架辊；5—除鳞集管；6—下支撑辊；7—下工作辊；
8—压下装置；9—上工作辊；10—上支撑辊；11—轧辊冷却集管；12—出口导板；13—护板

课件：板
坯宽度侧
压设备

微课：板
坯宽度侧
压设备

备。基于上述诸多原因，热轧带钢轧机发展了立辊轧机、定宽压力机等形式的板坯宽度侧压设备。

A　立辊轧机

立辊轧机位于粗轧机水平轧机的前面，大多数立辊轧机的牌坊与水平轧机的牌坊连接在一起。立辊轧机主要分为两大类，即一般立辊轧机和有 AWC 功能的重型立辊轧机。

一般立辊轧机是传统的立辊轧机，主要用于板坯宽度齐边、调整水平轧机压下产生的宽展量、改善边部质量。这类立辊轧机结构简单，主传动电机功率小、侧压能力普遍较小，而且控制水平低，辊缝设定为摆死辊缝，不能在轧制过程中进行调节，带坯宽度控制精度不高。

有 AWC 功能的重型立辊轧机是为了适应连铸的发展和热轧带钢板坯热装的发展而产生的现代轧机。这类立辊轧机结构先进，主传动电机功率大，侧压能力大，具有 AWC 功能，在轧制过程中对带坯进行调宽、控宽及头尾形状控制，不仅可以减少连铸板坯的宽度规格，而且有利于实现热轧带钢板坯的热装，提高带坯宽度精度和减少切损。

有 AWC 功能的重型立辊轧机的结构如图 1-29 和图 1-30 所示，重型立辊轧机的液压压下系统如图 1-31 所示。

B　定宽压力机

定宽压力机 SSP（Slab Sizing Press）位于粗轧高压水除鳞装置之后，粗轧机之前，用于对板坯进行全长连续的宽度侧压。与立辊轧机相比，定宽压力机每道次侧

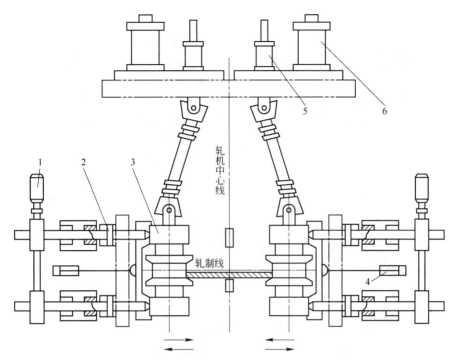

图 1-29　有 AWC 功能的重型立辊轧机结构

1—电动侧压系统；2—AWC 液压缸；3—立辊轧机；
4—回拉缸（平衡缸）；5—接轴提升装置；6—主传动电机

图片：有
AWC 功能
的重型立
辊轧机

图 1-30　有 AWC 功能的重型立辊轧机

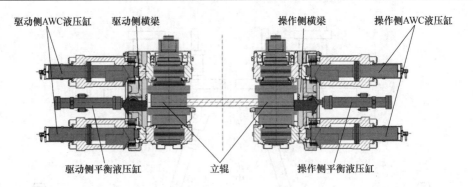

图片：重
型立辊轧
机的液压
压下系统

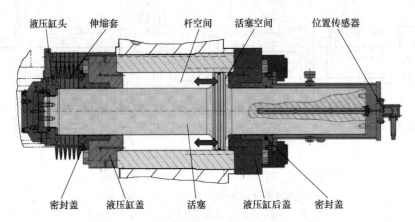

图 1-31　重型立辊轧机的液压压下系统

压量大，最大可达 350mm，从而可大大减小板坯宽度规格，有利于提高连铸机的产量，还可降低板坯库存量，简化板坯库管理。立辊轧机和定宽压力机轧制的带坯还有以下不同点：立辊轧机轧出的带坯边部凸出量大（俗称狗骨形），经水平轧机轧制易产生较大的鱼尾；而定宽压力机侧压的带坯边部凸出量较小，经水平轧机轧制后产生的鱼尾也较小，有时甚至没有鱼尾，因此可减少切损，提高热轧成材率，两设备的变形比较如图 1-32 所示。显而易见，定宽压力机有利于提高连铸和热轧的综合经济效益。

　　现代热连轧带钢生产车间，如果配备了定宽压力机和立辊系统，对于从板坯宽度到钢卷宽度的总差值，用定宽压力机尽可能大地进行宽度侧压，而立辊则用于对水平轧制所产生的宽展的调整、炉内黑印等造成的宽度偏差的校正及板坯前后端的宽度补偿。

　　现代使用的定宽压力机锤头普遍较短，称为短锤头定宽压力机。侧压行程中锤头从板坯头部至尾部依次快速进行挤压，以实现大侧压调宽。短锤头定宽压力机有两种形式，即间断式和连续式。

　　间断式短锤头定宽压力机的工作过程是锤头与板坯分别动作，即锤头打开，板坯行进一个侧压位置，锤头侧压到设定宽度，然后锤头打开，板坯又行进一个侧压位置，这样重复运动，直至板坯全长侧压完毕。间断式短锤头定宽压力机如图 1-33所示，其工作过程如图 1-34 所示。

定宽压力机+水平轧机

边部凸出量较小鱼尾也较小

立辊轧机+水平轧机

边部凸出量较大鱼尾也较大

图 1-32　立辊轧机和定宽压力机变形比较

图片：立
辊轧机和
定宽压力
机变形
比较

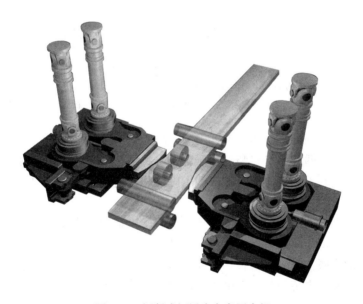

图 1-33　间断式短锤头定宽压力机

图片：间
断式短锤
头定宽压
力机

　　连续式短锤头定宽压力机的工作过程是板坯以一定的速度匀速连续行进，锤头的动作与板坯的行进同步，板坯在行进中进行侧压。锤头在板坯行进过程中完成打开、行进、侧压、再打开，这样连续地往复运动，实现板坯的连续侧压。由于连续式短锤头定宽压力机锤头侧压过程和板坯行进过程同步，作业周期时间短，工作效率高。

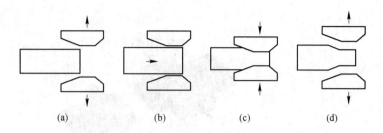

图 1-34 间断式短锤头定宽压力机工作过程示意图

(a) 锤头打开；(b) 板坯行进；(c) 锤头侧压；(d) 锤头打开

连续式短锤头定宽压力机的传动原理如图 1-35 所示。

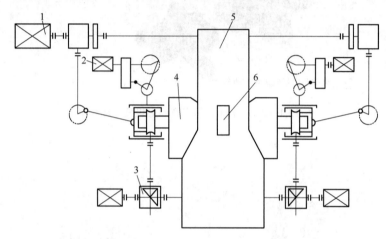

图 1-35 连续式短锤头定宽压力机传动示意图

1—主传动系统；2—同步系统；3—调整机构；4—锤头；5—板坯；6—控制辊

定宽压力机详细结构如图 1-36 和图 1-37 所示。

定宽压力机有两片水平安装的侧压牌坊。牌坊用来安装锤头、锤头滑架、挤压滑架、宽度设定装置和回拉平衡缸。侧压牌坊和宽度设定装置在原理上和传统的轧机是一样的。

装有多个部件的机架通过横梁连接在一起。机架中心线处固定在地基上，机架的其他部分由地基上的几个点来支撑。这种设计允许在压力或热力的影响下，机架有一个自由的膨胀空间，而不影响上面的基础。

定宽压力机的主传动装置有电机、齿轮箱和传动轴，安装在位于机架上面的混凝土地基上。

锤头安装在锤头滑架上，通过连杆由挤压滑架里面的偏心轴驱动，完成侧压动作。板坯的宽度由宽度设定装置即压下丝杠调节。锤头滑架和挤压滑架由回拉平衡缸平衡。板坯在侧压过程中，通过入口和出口端的夹送辊进行导向传送。当板坯传送到头部或尾部时夹送辊自动关闭和开启。

在侧压过程中，头部和尾部容易变窄，为了得到宽度一致的板坯，需要在侧压头部和尾部时辊缝适当放大一些。

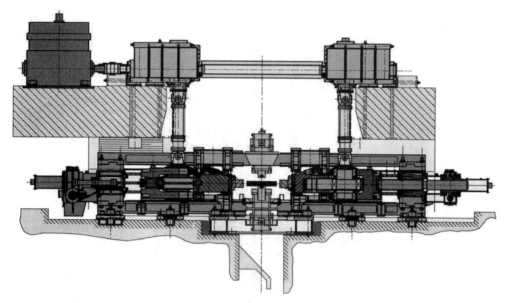

图 1-36 定宽压力机主视图

SSP 的工作模式有空过模式和侧压模式两种。

按照机械设计能力，SSP 最大宽度压下量为 350mm。SSP 最大可设定的压下次数为 42 次/min。通常板坯步进量为 428mm，梯形坯要按大头计算压下量。当宽度压下量小于 50mm 时可以采用空过模式。工作时的压下量是通过二级计算机控制实现的。锤头位置是通过位置传感器实现的。定宽机入口的侧导板可以将检测的板坯宽度传输给二级计算机，这样可以检查压下量是否小于 350mm。当锤头磨损后应当及时进行更换。

侧压模式的选择可以通过 HMI，由操作人员选择 SIZING 模式，当然也可以根据二级计算机的指令来工作，它的减宽一般采用起-停式的工作模式。

空过模式在 HMI 上可以选择 CONTINUE 模式。一种是当板坯长度小于 6000mm 时，由于板坯长度较短则必须要投入入口、出口夹送辊，通过夹持板坯从而使板坯可以顺利通过定宽机。另外一种情况是当板坯的长度大于 6000mm 时，定宽机的入口与出口夹送辊可以不动作，保持在高位，板坯直接通过定宽机。

1.4.2.3 除鳞设备

除鳞装置有两种：一种用作清除加热炉中产生的氧化铁皮（一次氧化铁皮）；另一种用来清除轧制中产生的氧化铁皮（二次氧化铁皮）。

无论哪一种，都是通过向钢材表面喷射高压水来清除氧化铁皮的。

A 除鳞箱

除鳞箱通常设在加热炉出口侧附近，为了提高除鳞效果，也有和二辊水平轧机或立辊轧机一起设置的。上述轧机通过机械方法破坏表面氧化铁皮，然后用高压水喷射，以起到除鳞作用。

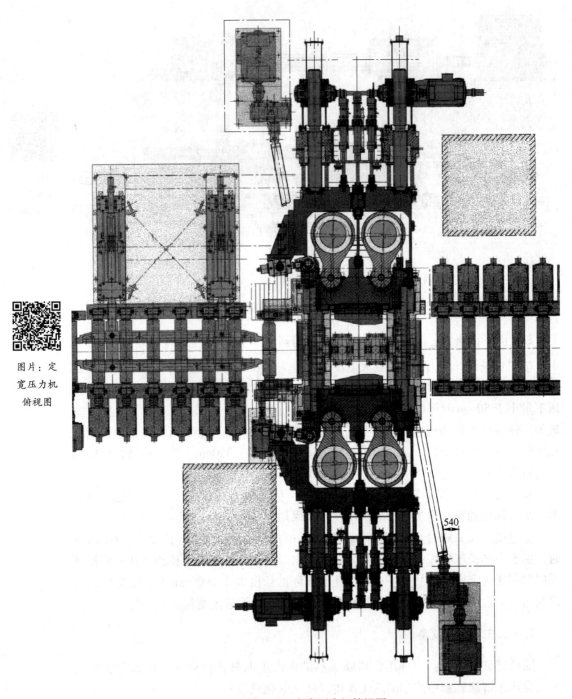

图片：定
宽压力机
俯视图

540

图 1-37 定宽压力机俯视图

除鳞装置的主体是一些在箱中排列成 2~3 排的高压水喷头，喷嘴安装头部。常用除鳞水压为 15~22MPa，薄板坯采用较高水压，最高达 40MPa。

除鳞箱内顶部安装有集水器，用来收集板坯反射回的除鳞水和板坯两侧的除鳞水。在除鳞箱的入口和出口处安装有链帘，防止除鳞水喷到除鳞箱外。除鳞箱内顶部安装有固定的防护梁，防止板坯头部碰撞上集管。除鳞箱的入口侧装有侧喷水装置，以防止板坯表面的除鳞水喷向加热炉方向。

B 轧机的除鳞装置

为了去除轧制过程中产生的二次氧化铁皮，在轧机上也设有除鳞装置。在轧机的前后、上下共设置四排高压水喷头，上高压水喷头与压下联动而上下移动。

C 除鳞机理

（1）利用高压水的冲击力使氧化铁皮层破裂。

（2）由于氧化铁皮层受急冷收缩，使氧化铁皮从母材分离。

（3）进入氧化铁皮层下面的水汽化急剧膨胀，喷发爆裂开氧化铁皮。

（4）通过倾斜地喷射到板坯表面上的射流，冲洗掉板坯上被分离出来的氧化铁皮。

D 运行模式

手动操作模式下，除鳞箱区域的运行既可由主控台来操作，又可由现场控制台来操作。

自动运行模式下，除鳞箱的开闭由物料跟踪控制，当板坯头部到达除鳞箱时，除鳞水阀门自动打开；当坯尾离开除鳞箱时，除鳞水阀门自动关闭。

不管是手动操作模式，还是自动运行模式，管路必须充满低压水（约0.3MPa）然后充高压水（18~19MPa）。

1.4.2.4 出入口侧导板

侧导板用来为板坯定位，使板坯从轧机中心进入机架。开口度根据轧制计划的需要来设定。对中运动由轧制程序来触发，也可通过手动操作来实现。

粗轧机的入口侧导板由两段组成，一段呈喇叭口状，一段呈平行状。侧导板的移动靠液压缸和带有连杆的杠杆轴来驱动。杠杆轴装有一个位置传感器，通过旋转角度来计算直边的位置，如图1-38和图1-39所示。

出口侧导板呈平行状，驱动原理与入口侧导板相同。

因为磨损的原因，与板坯接触区域的直边带有螺栓连接的耐磨板。

操作模式有标定、手动操作、自动操作。

标定是指在开始或重装直边之后，开口宽度必须测量并通过键盘输入控制系统。测量宽度被用作新的参考值。

在手动模式下，可以实现点动操作。为此，操作工必须将按钮从AUTO转变到MANUAL位置。在手动操作完成后，按钮恢复到AUTO位，侧导板一直保持它们的位置直到自动系统给出一个新的命令。

自动操作以板坯宽度和间隙为基础的轧制规程形成相应的参考值。无板坯时，开口度为板坯宽度加上入口间隙150mm，在通过时的首次设定值是冷宽度乘以热系数加上50mm，到达后，为板坯宽度加上10mm入口间隙的新位置，板坯通过后，位置控制打开至当前板坯宽度加上150mm入口间隙。

当前的开口度在监视器上显示给操作工。

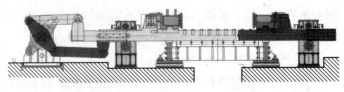

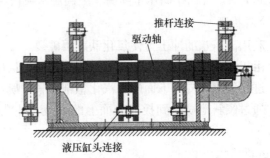

推杆连接

驱动轴

液压缸头连接

图 1-38　入口侧导板

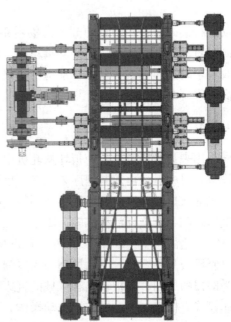

图 1-39　入口侧导板俯视图

　　一旦堆钢，该机架的所有侧导板打开到最大宽度。在这种情况下，液压系统应溢流。直边的进一步动作只能在手动操作模式下进行。

1.5　精轧机组设备

1.5.1　概述

　　精轧机组布置在中间辊道或热卷取箱（coil-box）的后面。它的设备组成包括切头飞剪前辊道、切头飞剪侧导板、切头飞剪测速装置、边部加热器、切头飞剪及切头收集装置、精轧除鳞箱、精轧机前立辊轧机（F1E）、精轧机、活套装置、精轧机进出口导板、精轧机除尘装置、精轧机换辊装置等。

精轧机是成品轧机，是热轧带钢生产的核心部分，轧制产品的质量水平主要取决于精轧机组的技术装备水平和控制水平。因此，为了获得高质量的优良产品，在精轧机组大量地采用了许多新设备、新技术、新工艺及高精度的检测仪表，例如热轧带钢板形控制设备、全液压压下装置、最佳化剪切装置、热轧油润滑工艺等。另外，为了保护设备和操作环境不受污染，在精轧机组中设置了除尘装置。

板坯经粗轧机轧后，中间坯厚度一般为 50mm 以下，特殊产品也有到 60mm。中间坯的头尾部分，因头尾端的自由状态，均出现不同程度、不规则的鱼尾或舌头形状。不规则的头尾形状，在通过精轧机组或进入卷取机的穿带过程中，容易发生卡钢事故，同时，因头尾温度偏低，在轧辊表面易造成辊印，影响带钢表面质量。为防止上述问题的发生，带坯头尾需用切头飞剪剪去 100~150mm 的长度。剪切后的带坯经过精轧除鳞箱，用 15~17MPa 的高压水清除带坯表面的氧化铁皮，然后进入精轧机组，轧制成要求的带钢尺寸。

精轧除鳞箱由两对夹送辊、辊道、上下两组除鳞集管和除鳞箱盖、集水器等组成。入口上下夹送辊为单独驱动，由液压缸驱动压下；出口上夹送辊通过万向轴和减速机连接，对带坯长度进行检测，用于飞剪的切尾。出口下夹送辊被动旋转。当精轧机组发生事故时，两对夹送辊反转，将带坯退回送中间辊道的废钢台架处理。除鳞箱盖由液压缸驱动开闭，或者由天车吊起，便于对喷嘴进行检查和维护。在除鳞箱盖上配有蜗牛形的水收集器，用来收集喷射后的除鳞水，便于排入铁皮坑。除鳞箱上除鳞集管可以通过液压缸调整其高度，这样可以使得上除鳞集管到带坯的距离可调，从而为除鳞效果及终轧温度奠定了良好的基础。

对于一些特殊品种，例如硅钢、不锈钢、冷轧深冲钢等，中间坯在进入精轧机组前，一般对带坯边部进行加热，使带坯在横断面上中部和边部温度均匀一致，从而获得金相组织和性能完全一致的带钢，同时也避免了边部温度低造成的边裂和边部对轧辊的严重不均匀磨损。

带坯除去氧化铁皮后，经侧导板导入精轧机前立辊轧机（F1E）或精轧机，并依次通过精轧机组各轧机，获得所要求的带钢厚度。出精轧机组的带钢，沿输出辊道送往卷取机，在输出辊道的上下方，设有带钢冷却装置，该装置将带钢冷却到要求的卷取温度，然后带钢进入卷取机卷成钢卷。

精轧机组是决定产品质量的主要工序。例如：带钢的厚度精度取决于精轧机压下系统和 AGC 系统的设备形式；板形质量取决于该轧机是否有板形控制手段和板形控制手段的能力，老轧机是通过调节精轧机各架的负荷分配及多种轧辊辊形来获得较好的板形，新轧机是通过控制板形的机构，在轧制过程中适时控制板形变化，获得好的板形，如 PC 轧机、CVC 轧机、WRB 轧机等；带钢的宽度精度主要取决于粗轧机，但最终还要通过精轧机前立辊的 AWC 和精轧机间低惯量活套装置予以保持；平整光洁的带钢表面是通过精轧除鳞箱，F1 与 F2 轧机前除鳞高压水彻底清除二次氧化铁皮及通过在线磨辊装置（ORG）或工作辊轴移（WRS），消除轧辊表面不均匀磨损和粗糙表面而获得的；带钢的力学性能主要取决于精轧机终轧温度和卷取温度。随着对带钢性能要求的多样化、高层次化，不仅从材料成分方面考虑，同时还从轧制温度着手进行控制，使带钢的终轧温度和卷取温度始终保持在要求的一定范围内。即终轧温度要保持在单相奥氏体或铁素体内，避免产生复合晶粒，导致硬度、伸长率等性能不合要求。卷取温度也一样，应根据钢种和用途不同，控制在 400~750℃ 之间的某一温度。为使终轧温度保持在固定范围内，精轧机采用了升速轧制工艺或者带热卷取箱恒速轧制工艺，它们均能使终轧温度变化保持在 ±20℃ 内，从而获得均匀一致的力学性能。

1.5.2   精轧机组布置

精轧机组的布置有多种形式，在我国的热轧带钢轧机中，精轧机组的布置主要有 5 种，如图 1-40 所示。

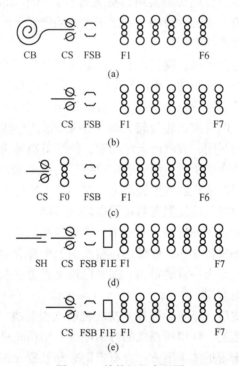

图 1-40   精轧机组布置图
(a) 有热卷取箱 6 机架精轧机组；(b) 机架精轧机组；
(c) 增设 F0 的精轧机组；(d)(e) 带 F1E 轧机的精轧机组

在图 1-40 (a) 布置中，精轧机组为 6 架轧机，如攀钢 1450mm 轧机、鞍钢 1700mm 轧机的精轧机组，属第一代热轧带钢轧机，产量低、卷重小、轧制速度低。在改造时，因场地受限，在飞剪前设置了热卷取箱。

在 20 世纪 60 年代后，为了提高轧机生产能力，提高卷重，增大精轧机速度，满足大卷重的需要，精轧机列用 7 机架布置。我国武钢 1700mm 热连轧、本钢 1700mm 热连轧均属此类轧机，精轧机组布置如图 1-40 (b) 所示。

在图 1-40（c）布置中，有的工厂在切头飞剪前面或者后面改造后增设 F0 轧机，相当精轧机组为 7 架轧机，太钢 1549mm、梅钢 1422mm 精轧机组均属此类布置。

由于用户对热轧带钢质量要求越来越高，特别是生产薄规格产品、深冲用汽车板，生产厂为了提高成材率，提高产品质量，增大市场竞争能力，对精轧机组的布置不断进行完善。

20 世纪 80 年代后建设的新热带钢轧机精轧机组的布置如图 1-40（d）和（e）所示，带 F1E 轧机。我国宝钢 2050mm、1580mm，鞍钢 1780mm 精轧机组均属此类布置。

1.5.3 精轧机组设备

1.5.3.1 保温装置

保温装置位于粗轧与精轧之间，用于改善中间带坯温度均匀性和减小带坯头尾温差。采用保温装置，不仅可以改善进精轧机的中间带坯温度，使轧机负荷稳定，有利于改善产品质量，扩大轧制品种规格，减少轧废，提高轧机成材率，还可以降低加热板坯的出炉温度，有利于节约能源。

课件：保温装置

常用的保温装置主要有保温罩和热卷取箱，其共同的特点是：不用燃料，保持中间带坯温度，但设备结构大相径庭，迥然不同。

微课：保温装置

A 保温罩

保温罩布置在粗轧与精轧机之间的中间辊道上，一般总长度有 50～60m，由多个罩子组成，每个罩子均有升降盖板，可根据生产要求进行开闭，如图 1-41 所示。

图片：保温罩

图 1-41 保温罩

罩子上装有隔热材料，罩子所在辊道是密封的。中间带坯通过保温罩，可大大减小温降。在热带轧制中采用的保温罩系统可以分为以下几种。

　　a　绝热保温罩

在绝热保温罩中，中间料被降低热传导的绝热材料包围，从而使得中间料周围的环境温度较高。这类系统价格相对便宜，但效率不高。某一全长延迟辊道带保温罩的轧机，其板坯温度的有效节省量仅有13℃，覆盖在中间料上表面的绝热板所达到的热平衡温度也仅为700℃。

　　b　反射保温罩

在反射保温罩中，中间料被可反射其热量的保温罩包围。某些装置已经使用了非绝热的铝制反射罩。据报道，使用反射保温罩所获得的效益是很有限的，其达到的最高平衡温度仅为300℃。此外还遇到了保持反射板清洁的问题。

　　c　逆辐射保温罩

辊道保温罩绝热块的结构如图1-42所示，以耐火陶瓷纤维做成绝热毡，受热的一面覆以薄金属屏膜（厚0.05~0.5mm），且表面涂黑，当热的中间料通过保温罩时，此金属屏膜被迅速加热并达到一接近1000℃的平衡温度。利用逆辐射原理，作为发热体将热量逆辐射返回给钢坯。

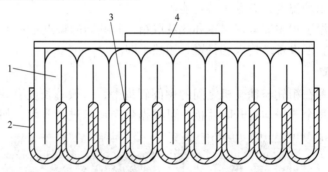

图1-42　辊道保温罩逆辐射绝热块结构示意图
1—绝热毡；2—金属屏；3—金属屏的折叠部分；4—安装件

然后这种保温罩结构简单，成本低，效率高，采用它以后可降低加热炉出坯温度达75℃，从而提高成材率0.15%，节约燃耗14%，还可提高板带末端温度约100℃，使板带温度更加均匀，可轧出更宽、更薄、质量更大及精度性能质量更高的板卷，并可使带坯在中间辊道停留达8min而仍保持可轧温度，便于处理事故，减少废品，提高成材率。

　　B　热卷取箱

早期的热卷取箱（coil-box）为有芯型，如图1-43所示，由于与芯轴之间的传热使得热卷内圈的温降很大。新设计的热卷取箱为无芯型，且侧面带保温装置，避免了热卷内圈及边部的过大温降，结构如图1-44所示。

采用热卷取箱的主要优点如下。

（1）粗轧后在入精轧机之前进行热卷取，以保存热量，减少温降，保温可达90%以上。

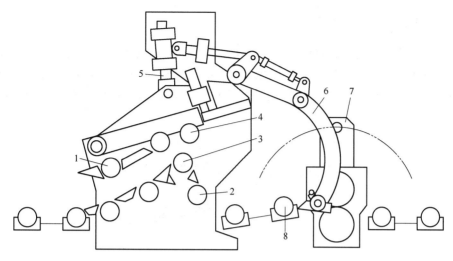

图 1-43 早期的热卷取箱结构图

1—入口导辊；2—成形辊；3—下弯曲辊；4—上弯曲辊；5—平衡缸；
6—开卷臂；7—移卷机；8—托卷辊

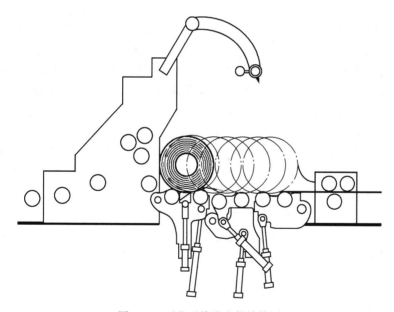

图 1-44 无芯型热卷取箱结构图

（2）首尾倒置开卷以尾为头喂入轧机，均化板带头尾温度，可以不用升速轧制而大大提高厚度精度。采用热卷取箱和不带保温装置带钢全长温度分布曲线如图 1-45 所示。

（3）起储料作用，这样可增大卷重，提高产量。

（4）可延长事故处理时间 8~9min，从而可减少废品及铁皮损失，提高成材率。

（5）可使中间辊道缩短 30%~40%，节省厂房和基建投资。

1.5.3.2　边部加热器

边部加热器的功能是将中间带坯的边部温度加热补偿到与中部温度一致。带坯在轧制过程中，边部温降大于中部温降，温差大约为100℃。边部温降大，在带钢横断面上晶粒组织不均匀，性能差异大，同时，还将造成轧制中边部裂纹和对轧辊严重的不均匀磨损。

图片：热卷取箱和不带保温装置入精轧机组带钢全长温度分布曲线

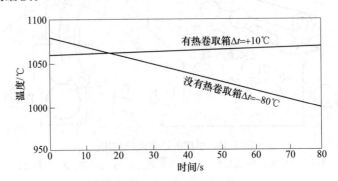

图 1-45　热卷取箱和不带保温装置入精轧机组带钢全长温度分布曲线

边部加热器的形式有两大类：一类是保温罩带煤气烧嘴的火焰型边部加热器；另一类是电磁感应加热型边部加热器。

边部加热器加热带坯厚度范围为 20~60mm，带坯运行速度为 20~120m/min，边部加热范围为 80~150mm，边部增高温度最多可达 263℃，一般在距边部 25mm 处增加温度 80℃左右。

边部加热器的安装位置，若是火焰型则安装在飞剪前的中间辊道上；若是电磁感应型则大多数安装在切头飞剪前，少数安装在切头飞剪后，极个别安装在 F1 和 F2 精轧机之间，如日本新日铁名古屋厂。我国各热轧带钢厂的边部加热器均安装在飞剪前，原因是此处环境条件好。

边部加热器加热的钢种主要有冷轧深冲钢、硅钢、不锈钢、合金钢等。

电磁感应边部加热器是机电一体化设备，由一台 PLC 控制，与 SCC 相连。该设备包括供电、变频、冷却等辅助设备，是一个独立的单元，全自动化运行。

1.5.3.3　切头飞剪

切头飞剪位于粗轧机组出口侧，精轧除鳞箱前。它的功能是将进入精轧机的中间带坯的低温和形状不良的头尾端剪切掉，以便带坯顺利通过精轧机组和输出辊道，送到卷取机，防止穿带过程中卡钢和低温头尾在轧辊表面产生辊印。

热轧带钢轧机的切头飞剪，一般采用转鼓式飞剪，少数采用曲柄式飞剪。转鼓式飞剪又分为单侧传动、双侧传动和异步剪切三种形式，它们的主要优点是结构较简单，可同时安装两对不同形状的剪刃，分别进行切头、切尾。曲柄式飞剪的主要优点是剪刃垂直剪切，剪切厚度范围大，最厚可达 80mm，缺点是只能安装一对直刃剪。

转鼓式飞剪结构在不断改进，开始的转鼓式飞剪是单侧传动，因当时中间坯厚度小，材质较软，剪切效果较好。随着中间带坯厚度不断增大，材料强度提高，单侧传动剪切出现扭曲，剪切质量不好，为此，在转鼓两侧均采用齿轮传动，减小了转鼓剪切时的扭曲，提高了剪切质量。异步剪切即为上下转鼓刀刃的线速度不一致，上刀刃比下刀刃线速度快。实现异步剪切的方法是上转鼓直径大于下转鼓直径约5.6%，两转鼓的角速度相同，形成异步剪切。该剪切方式的主要优点是剪切断面质量好，剪切带坯厚度可增大到60mm，避免了因剪刃磨损、剪刃间隙增大而剪不断的事故。因为一般剪断机剪刃间隙在剪切过程中是不变化的，为一个固定值，而异步剪切的剪刃间隙是变化的，由正间隙变为零，然后变为负间隙，所以避免了剪不断的情况。

各种飞剪的示意图如图1-46所示。

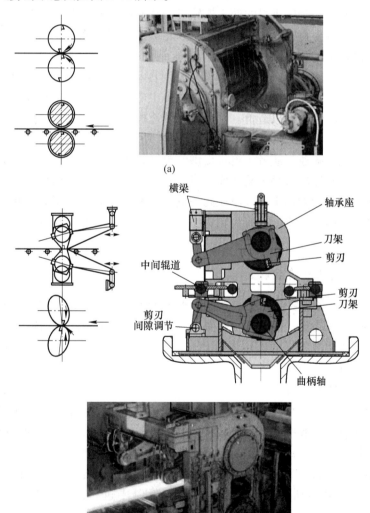

图片：飞
剪示意图

图 1-46 飞剪示意图
（a）转鼓式；（b）曲柄式

1.5.3.4　精轧机前立辊轧机（F1E）

精轧机前立辊轧机附着在 F1 精轧机前面，它的主要功能是进一步控制带钢宽度。该轧机具有一定的控宽能力，它的侧压能力最大可达 20mm（带坯厚度为 60mm），轧制力最大可达 1MN。在该轧机上配置了 AWC 的反馈功能、前馈功能及卷取产生缩颈的补偿功能。

1.5.3.5　精轧机传动装置

传动装置是将电动机转矩传递给工作轧辊的机械设备。其传递过程如下：电动机→减速机→中间轴→齿轮机座→传动轴→工作轧辊。

减速机一般设在精轧机组的前 3 架轧机，减速比一般在 1：5～1：1.8 之间。精轧机组后 4 架一般为直接传动，但也有少数轧机仍采用减速机。在我国，精轧机组前 3 架减速比在 1：6.85～1：1.97 之间，宝钢的 2050mm 轧机在 F4、F5 轧机上仍有减速机，其减速比为 1.78 和 1.3。减速机对传动系统的响应速度有影响，应减少有减速机的机架。但是，采用减速机可以减少主电机的规格数量和备件，扩大主电机共用性，还可降低主电机造价。因此，带减速机的机架数量，应根据具体条件来确定。

齿轮机座是将减速机或者主电机提供的单轴转矩分配给上下工作辊的装置。它由一组两个相同直径的人字齿轮构成，齿轮比为 1：1。对成对交叉轧机（PC）而言，齿轮座上下齿轮轴的中心线不在同一垂直平面内，有一个偏角。此外还有上下工作辊单独传动的精轧机，没有齿轮机座，此种传动方式的精轧机可实现精轧异步轧制。

1.5.3.6　精轧机前后装置

精轧机前后设备主要包括入口导板、出口卫板（导板）、轧辊冷却水及机架间冷却水装置、除鳞水装置、在线磨辊装置（ORG）、热轧工艺润滑装置等，如图 1-47 所示。除在线磨辊装置（ORG）属于 PC 轧机专配设备外，其他装置均属所有热带轧机的共有装置。

A　在线磨辊装置

在线磨辊装置（ORG）布置在上下工作辊入口侧的卫板上，由液压缸驱动。磨削轧辊的砂轮有传动和非传动之分。传动型是液压马达带着砂轮转动磨削轧辊；非传动型是砂轮不主动转动，而是由轧辊带着砂轮转动进行磨削，因此传动型磨削效果好。传动型在线磨辊装置如图 1-48 所示。传动型和非传动型的砂轮都是在油缸带动下沿轴线往复移动磨削。在线磨辊可在轧制中进行，也可在不轧钢时进行磨削。

在线磨辊装置的主要功能是消除轧制中轧辊表面的不均匀磨损，保持轧辊表面光洁平滑，实现自由程序轧制。

B　导板

根据规程，侧导板是通过液压缸驱动来达到所需宽度的。开口度设定显示在主

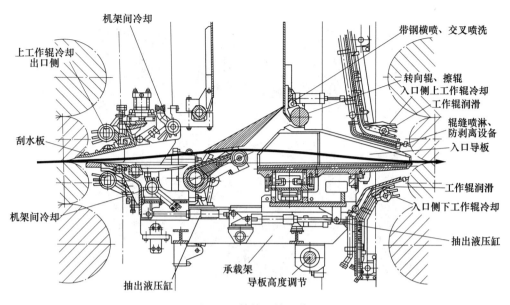

图 1-47　精轧机前后装置

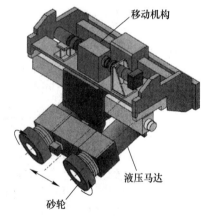

图片：传动型在线磨辊装置 ORG

图 1-48　传动型在线磨辊装置

控台上。F3~F7 入口侧导板处安装了一个垂直调整系统，用于在换辊后调整高度适应轧制线。入口侧导板如图 1-49 和图 1-50 所示。

　　垂直调整系统由液压马达驱动，经减速机带动一个偏心轴来调整高度。液压马达由液压抱闸制动。

　　入口和出口导板在换辊期间被液压缸抽出，以便工作辊能够被拉出。该设备仅仅在换辊模式下被移动。当换辊动作完成之后，入口和出口侧导板被重新归位（趋向轧辊）。出口导板如图 1-51 所示。

　　刮水板又称为切水板，位于出口导板靠近轧辊部分，通过气缸或其自身的重量，刮水板被压在工作辊上。设置刮水板的目的是将冷却水及其他附着物刮离工作辊。

图片：入
口导板
（一）

图 1-49　入口导板（一）

图片：入
口导板
（二）

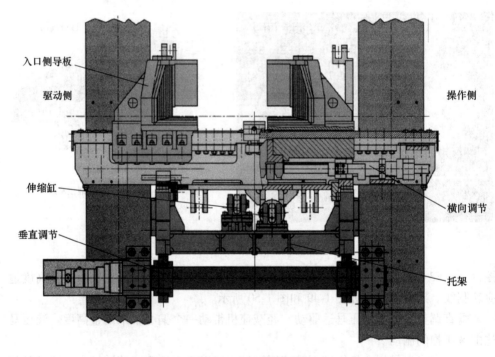

图 1-50　入口导板（二）

C　工作辊冷却系统

工作辊冷却系统，被安置在工作辊的入口侧和出口侧，用于冷却工作辊，使之尽量保持一个恒定的温度。

喷嘴的数量、类型和间距均要适合工作辊的冷却。

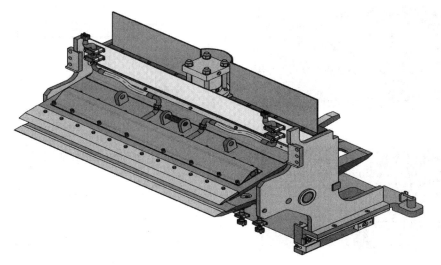

图 1-51 出口导板

D 工作辊润滑（辊缝润滑）

工作辊润滑示意图如图 1-52 所示。在精轧机组中采用润滑轧制的目的是降低轧制力，减少轧制能耗，减少轧辊磨损，降低辊耗，改善轧辊表面状态，提高带钢表面质量。工作辊润滑改善轧辊表面状态和降低轧制力的效果如图 1-53 所示。

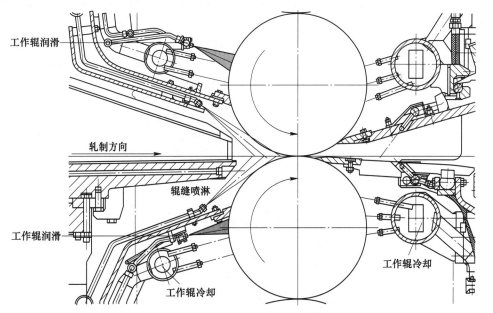

图 1-52 工作辊润滑示意图

轧制时润滑油的供油方式有两种：一是直接供油，二是间接供油。直接供油是润滑油通过毛毡之类物品将油涂在轧辊上，或者通过喷嘴将油直接喷在轧辊表面上，工作辊、支撑辊均可喷油，直接供油法耗油量大。间接供油方式是采用油水混喷方式或蒸汽雾化喷吹方式。蒸汽雾化是用高压蒸汽将轧制油雾化，经喷嘴向轧辊

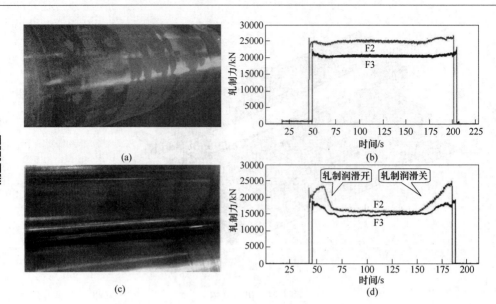

图片：工作辊润滑效果

图 1-53　工作辊润滑效果

（a）未投用轧制润滑；（b）F2、F3 未投用轧制润滑轧制力情况；

（c）投用轧制润滑；（d）F2、F3 投用轧制润滑轧制力情况

表面喷涂。雾化方式的油浓度（质量分数）为 7%～10%。油水混喷方式是在供油管的中途加入水，使油水混合，将混合后的油水用喷嘴喷向轧辊表面。油水混喷油浓度（质量分数）为 0.1%～0.8%。

　　根据各种润滑方式使用结果的分析可以看出，间接供油方式比直接供油方式效果好，又省油，因此使用较普遍。我国宝钢 1580mm 和鞍钢 1780mm 精轧机组的润滑轧制，均为间接供油的油水混合方式。油水混合控制示意图如图 1-54 所示。

图片：油水混合控制示意图

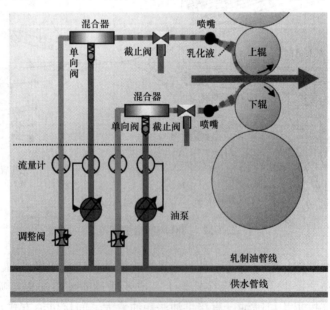

图 1-54　油水混合控制示意图

在精轧操作台上，可以对混合物的比例或绝对油量进行设定，并且上工作辊和下工作辊的润滑可以单独操作。

当辊缝润滑开始使用时，入口的轧辊冷却水自动关闭。辊缝润滑的开启时间根据物料跟踪系统进行设定，当轧机咬入后加上一定的延迟时间开启，避免产生咬入打滑的现象，在轧机抛钢前辊缝润滑系统关闭，保证支撑辊至少旋转一周，可以将残留的润滑油燃烧完毕。

必须确认喷淋的宽度不超过所轧制的板带宽度。因为不与热板带表面接触的油不能燃烧掉，进而进入水供应和处理系统，造成不必要的浪费和负担。

E 辊缝喷淋

辊缝喷淋的功能是预防和延迟铬合金钢轧辊的剥落。通过喷淋集管，冷却水被喷到辊缝前板带上一个窄的区域。

F 机架间冷却

精轧机间带钢冷却装置简称机架间冷却装置。该装置的主要功能是控制终轧温度，保证精轧机终轧温度控制在±20℃之内。

机架间冷却装置是布置在机架出口侧的上下两排集管，集管上装有喷嘴，每根集管的流量大约为 $100 \sim 150 \mathrm{m^3/h}$，水压一般与工作辊冷却水相同。

G 带钢横喷

在每个轧机架前方与最后机架的后方，轧制线上方，安装有一个带钢横喷系统。该系统用来清除来自工作辊冷却的水及来自带钢的氧化铁皮，最后机架后方的横喷可以避免带钢表面的残留水进入轧机后的测量区域，影响检测精确度。冲水方向与带钢流向相反，在最后机架后与轧制方向交叉。当带钢处在轧机机架中时，横喷系统总是投入。

H 活套装置

活套装置设置在两架精轧机之间，它的作用是：

（1）当带钢头部进入下一架轧机时，两架轧机间会形成一活套，活套支持器升起支撑带钢，防止成叠进钢，造成事故；

（2）对机架间的带钢施加一定的张力值，保证恒定小张力轧制；

（3）轧制中通过活套装置的角位移变化吸收张力波动时引起的套量变化，当套量太大或太小时，调整轧机速度以恢复正常套量；

（4）有些活套支持器还可以测量张力大小，如为了测量在传动侧和操作侧的不同带钢张力，张力差活套安装在 F4、F5、F6 机架后，更有像冷轧一样，利用分段测量辊测量带钢张力分布的。

目前使用最普遍的活套装置是电动型和液压型。活套装置要求响应速度快、惯性小、起动快且运行平稳，以适应瞬间张力变化。电动型活套装置为减小转动惯量，提高响应速度，由过去带减速机改为电机直接驱动活套辊，电机也由一般直流电机改为特殊低惯量直流电机。有的厂家为进一步提高活套响应速度采用了液压型活套，由液压缸直接驱动活套辊。液压型活套支持器结构如图 1-55 所示。

随着机架间张力控制技术的进步，精轧机组前面部分机架采用无活套微张力轧

图片：液
压型活套
支持器结
构示意图

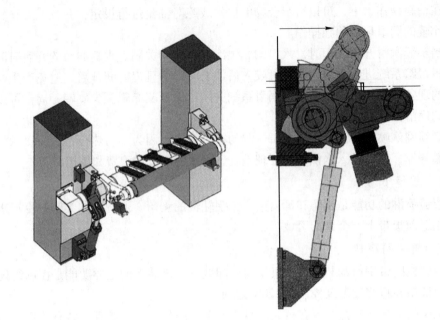

图 1-55　液压型活套支持器结构示意图

制控制。如宝钢 2050mm 精轧机组 F1～F2 机架就采用了上述张力控制技术。

1.5.3.7　精轧机组板形控制

在 20 世纪 80 年代以前，精轧机组均采用四辊式轧机。之后，由于市场对带钢的板形质量要求越来越高，为了适应市场需要，增强板形控制能力，实现自由程序轧制技术，研制出了许多新型轧机，如成对轧辊交叉轧机（PC）、连续可变凸度轧机（CVC）、弯辊和轴向移动轧机（WRB+WRS）等。因此，精轧机组出现了单一或多种轧机形式的组合。表 1-2 列举了我国 10 套热轧带钢精轧机组的组合方式。

表 1-2　我国 10 套热轧带钢轧机精轧机组的组合方式

序号	机组	精轧机组组合形式					机架数量
		四辊	PC	CVC	WRB	WRS	
1	宝钢 2050mm 轧机			7			7
2	宝钢 1580mm 轧机	1	6				7
3	武钢 1700mm 轧机				7	4	7
4	武钢 2250mm 轧机			4		3	7
5	鞍钢 1780mm 轧机	1		3		3	7
6	鞍钢 1700mm 轧机	6					6
7	本钢 1700mm 轧机	1		3	3		7
8	太钢 1549mm 轧机				7	3	7
9	梅钢 1422mm 轧机			3		3	6
10	攀钢 1450mm 轧机				6		6

1.6 辊道速度控制及带钢冷却装置

1.6.1 辊道速度的确定和控制

辊道速度的确定和控制与生产工艺和前后的主要设备有关。

辊道速度控制方式分为调速和不调速两种。辊道调速方式主要有直流调速和交流变频调速。因交流变频调速装置比直流调速装置简单，所以交流变频调速辊道的应用越来越广泛。

调速辊道的控制方式主要取决于生产工艺要求，比如加热炉装炉辊道要求定位精度高，可逆式粗轧机前后工作辊道要与轧制方向和速度一致，中间辊道需要有游动功能，输出辊道要与精轧和卷取速度相匹配。

1.6.1.1 轧机前后辊道的速度确定

轧机前后辊道的速度，不仅与轧辊线速度有关，而且与轧制过程中的前滑和后滑有关。如果辊道速度与轧件速度不匹配，辊道与轧件之间产生相对滑动，就会出现轧件拖着辊道走或轧件冲击辊道的现象，造成轧件表面划伤，加剧辊道磨损。为了避免辊道与轧件之间产生相对滑动，轧机前后辊道的速度应考虑前滑和后滑，使之与轧机入口、出口轧件的速度同步。

1.6.1.2 输出辊道的速度控制

输出辊道的速度控制是热轧带钢轧机所有辊道的速度控制中最典型、最复杂的控制。输出辊道的速度控制不但涉及精轧速度和卷取速度，而且涉及轧制、卷取及辊道本身的加速和减速，其辊道速度的设定和控制精度直接关系到轧制和卷取能否顺畅，直接影响生产率和产品质量。

带钢出精轧末架以后和在被卷取机咬入以前，为了在输出辊道上运行时能够"拉直"，辊道速度应比轧制速度高，即超前于轧机的速度，超前率为10%~20%。当卷取机咬入带钢以后，辊道速度应与带钢速度（亦即与轧制和卷取速度）同步进行加速，以防产生滑动擦伤。加速段开始用较高加速度以提高产量，然后用适当的加速度来使带钢温度均匀。当带钢尾部离开轧机以后，辊道速度应比卷取速度低，亦即滞后于带钢速度，其滞后率为20%~40%。与带钢厚度成反比，这样可以使带钢尾部"拉直"。卷取咬入速度一般为8~12m/s，咬入后即与轧机等同步加速。考虑到下一块带钢将紧接着轧出，故输出辊道各段在带钢一离开后即自动恢复到穿带的速度，以迎接下一块带钢。

1.6.2 带钢冷却装置

热轧带钢的终轧温度一般为800~900℃，卷取温度通常为550~650℃。从精轧机末架到卷取机之间必须对带钢进行冷却，以便缩短这一段生产线。从终轧到卷取这个温度区间，带钢金相组织转变很复杂，对带钢实行控制冷却有利于获得所需的金相组织, 改善和提高带钢力学性能。

　　常用的带钢冷却装置有层流冷却、水幕冷却、高压喷水冷却等多种形式。高压喷水冷却装置结构简单, 但冷却不均匀、水易飞溅, 新建厂已很少采用。水幕冷却装置水量大、控制简单, 但冷却精度不高, 有许多厂在使用。层流冷却装置, 设备多、控制复杂, 但冷却精度高, 目前广泛使用。层流冷却装置如图 1-56 所示。

图片: 层流冷却装置

图 1-56　层流冷却装置

1.6.2.1　层流冷却装置

　　层流冷却装置位于精轧出口和卷取入口之间的输出辊道上, 用于带钢控制冷却。层流冷却的水压稳定, 水流为层流, 通常采用计算机控制, 控制精度高, 冷却效果好。层流冷却装置主要由上集管、下集管、侧喷、控制阀、供水系统及检测仪表和控制系统组成。为了保证带钢横断面温度均匀, 增加了边部遮挡装置。电机驱动边部遮挡系统如图 1-57 所示, 边部遮挡系统效果如图 1-58 所示。

图片: 电机驱动边部遮挡系统

图 1-57　电机驱动边部遮挡系统

　　上集管控制方式有 U 形管有阀控制和直管无阀控制。两种控制方式都能满足控

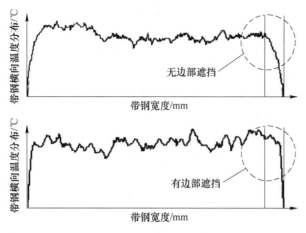

图 1-58　边部遮挡系统效果

制要求，主要区别在于冷却水的开闭速度、结构和投资不同。U 形管有阀控制冷却水的开闭速度比直管无阀控制冷却水的开闭速度慢，但其结构简单、投资少，所以 U 形管有阀控制应用较广。

层流冷却装置布置和上集管结构示意图如图 1-59 和图 1-60 所示。

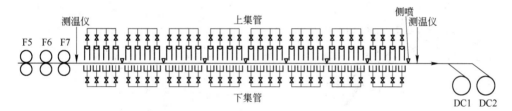

图 1-59　层流冷却装置布置示意图

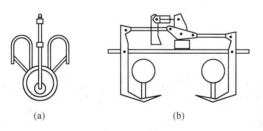

图 1-60　上集管结构示意图

（a）U 形管组成；（b）直管无阀控制

1.6.2.2　层流冷却供水系统配置

层流冷却用水特点是水压低，流量大，水压稳定，水流为层流。因此，供水系统应根据层流冷却的特点来配置。

常用的层流冷却供水系统配置方式有泵+机旁水箱、泵+高位水箱+机旁水箱、泵+减压阀。泵+机旁水箱的供水系统，通过水箱稳定水压和调节水量，系统配置简单，节能效果明显。泵+高位水箱+机旁水箱的供水系统，通过高位水箱调节水量，机旁水箱稳压，水压更稳定，节能效果明显，但系统配置复杂。泵+减压阀的供水系统，水压相对稳定，水量不能调节，系统配置简单，但不节能。

通常供水系统选用的水泵电动机电压高、功率大、起动时间长，不允许频繁启动。根据轧制品种规格合理配置层流冷却供水系统水箱，利用轧制间隙时间蓄水，调节带钢冷却的尖峰用水，相应把泵的能力减小，以节约能源。

1.7　卷　取　机

课件：卷
取机

1.7.1　概述

卷取机位于精轧机输出辊道末端，由卷取机入口侧导板、夹送辊、助卷辊、卷筒等设备组成。它的功能是将精轧机组轧制的带钢以良好的卷形，紧紧地无擦伤地卷成钢卷。卷取机的数量一般 2~3 台就能满足生产要求。卷取机布置示意图如图 1-61 所示，卷取机的结构示意图如图 1-62 所示。

微课：卷
取机

图片：卷
取机布置
示意图

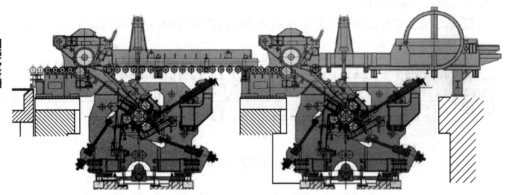

图 1-61　卷取机布置示意图

图片：卷
取机结构
示意图

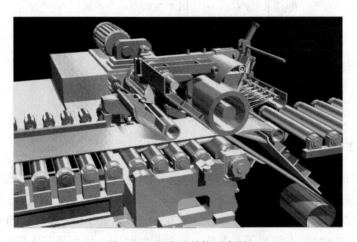

图 1-62　卷取机结构示意图

卷取机的作业过程如下：带钢头部进入卷取机前，输出辊道、夹送辊、助卷辊、卷筒均以不同的速度超前率进行运转。带钢头部进入夹送辊后，借助上下夹送辊的力量，迫使带钢头部向下弯曲，并沿着导板进入由助卷辊及导板和卷筒形成的间隙前进，同时，借助卷筒和助卷辊的超前率作用，将带钢紧紧地缠绕在卷筒上。当头部在卷筒上缠紧后（约3~4圈），输出辊道、夹送辊、助卷辊、卷筒的速度超前率降为0，与带钢速度相同，同时，保持一定的张力值进行卷取。卷取张力在卷筒与精轧机和夹送辊之间产生。卷取过程如图1-63所示。

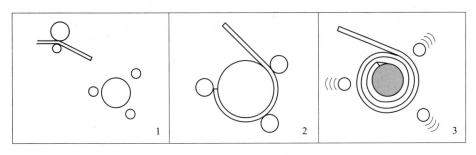

图片：卷取过程示意图

图 1-63　卷取过程示意图

当带钢尾端由精轧机抛出时，输出辊道、夹送辊则以滞后于带钢速度运转，使之保持一定的张力，防止带钢折叠，同时，1号助卷辊下降压住钢卷，保证抛钢后的尾部带钢卷得同样整齐与紧密。卷取到带钢尾部时，需做带尾定位处理，使带尾处于3~4点或8~9点方向。卷取结束后，卸卷小车上升，压住带尾，托住钢卷后，助卷辊打开，卷筒收缩，端部支撑打开，卸卷车移动，将钢卷移出卷取机。带尾定位及卸卷小车卸卷示意图如图1-64所示。

8~9点

图片：带尾定位及卸卷小车卸卷示意图

3~4点

图 1-64　带尾定位及卸卷小车卸卷示意图

移出卷取机后的钢卷，有的立即打捆，有的在后面运输机上打捆，有的翻转成立卷放到钢卷运输机上运输,有的则以卧式钢卷直接送到钢卷运输机上。在 20 世纪 80 年代后建设的轧机大多数都采用卧卷运输方式,以减少和消除边部缺陷。钢卷运输方式如图 1-65 所示。

图片:钢卷运输方式

图 1-65　钢卷运输方式

卷取机是在高速且有较大冲击力的非常恶劣的条件下进行运转的设备,其结构复杂,故障率高。要想保持稳定的良好卷取形状,设备制造精度、设备管理制度及设备维护非常重要。

1.7.2　卷取机设备

1.7.2.1　卷筒

卷筒主要部件为扇形块、斜楔、心轴、液压缸等,图 1-66 为卷筒结构示意图。为了使卷取后的钢卷能顺利抽出,扇形板在斜楔的作用下移动,卷筒直径可随之变化。斜楔称为胀缩机构。为了使带钢在卷筒上卷紧,胀缩机构有过扩胀功能。卷筒的胀缩是由液压缸带动心轴,通过胀缩机构实现的。卷筒扇形块直接与高温带钢接触,它要求具有高耐磨性、耐热性,通常采用 Cr-Mo 耐热钢。

图片:卷筒结构示意图

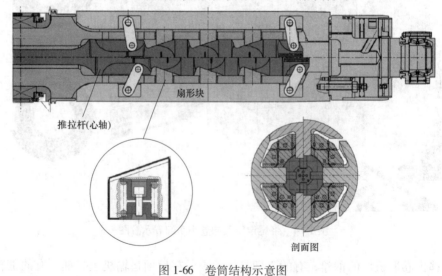

扇形块

推拉杆(心轴)

剖面图

图 1-66　卷筒结构示意图

　　钢卷在操作侧抽出，卷筒若靠单侧支撑，将使卷筒带一定的偏心旋转，特别在钢卷大型化后更严重。为了减少卷筒的偏心量，在 20 世纪 60 年代后期，在操作侧增加了卷筒活动支撑，有单支撑和双支撑两种形式，如图 1-67 所示。

图片：卷筒活动支撑

图 1-67　卷筒活动支撑

　　卷筒传动是由电机通过减速机进行的。当包括传动系统在内的转动惯量（GD^2）大、卷取薄规格带钢时，由于头部卷紧时的冲击，在精轧和卷筒之间，屈服应力最小处会产生拉窄（缩颈）。为了减小转动惯量，采用两台电机切换工作，减速机进行速比切换工作。例如，厚带钢用两台电机和高速比工作，薄带钢用一台电机低速比工作。卷取机传动系统如图 1-68 所示。

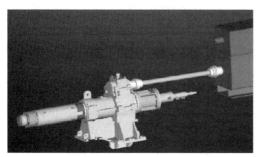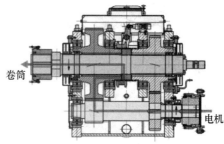

卷筒

电机

图片：卷取机传动系统（高速比工作状态）

图 1-68　卷取机传动系统（高速比工作状态）

1.7.2.2　助卷辊

助卷辊的作用有：

（1）准确地将带钢头部送到卷筒周围；

（2）以适当压紧力将带钢压在卷筒上，增加卷紧度；

（3）对带钢施加弯曲加工，使其变成容易卷取的形状；

（4）压尾部防止带钢尾部上翘和松卷。

　　要完成上述功能，助卷辊的布置十分重要，同时助卷辊的布置也是卷取机进行分类的依据。

　　助卷辊数量多，卷附性能好，但结构复杂故障多，辊缝调整困难。我国目前采用的卷取机多数为 3 辊式卷取机，如图 1-69 所示。液压卷取机助卷辊辊缝设定采用高响应特性的液压伺服系统，因此，可以实现助卷辊的跳跃控制（AJC），大幅度减轻头部压痕的深度。自动跳跃控制的构成如图 1-70 所示。

图片：三辊式卷取机

图 1-69　三辊式卷取机

图片：跳跃控制

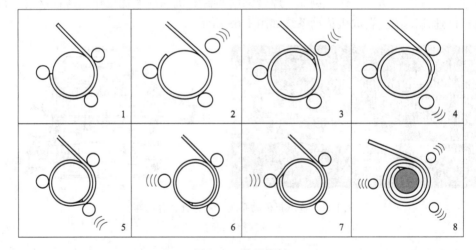

图 1-70　跳跃控制

助卷辊工作条件恶劣，在高温、高压、高速及冲击负荷下工作。因此，要求助卷辊有高硬度、耐磨、耐高温性能。通常都使用特殊铸钢辊。现在，对助卷辊采用表面硬化处理非常广泛，即在一般辊子表面堆焊或喷涂一层耐磨、耐热且硬度高的合金，满足助卷辊的性能要求。这种助卷辊磨损后还可以进行再处理。

1.7.2.3　夹送辊

夹送辊设置在卷取机入口处，它的主要功能有：

（1）将带钢头部引入卷取机入口导板；

（2）在带钢尾端抛出精轧机时，对带钢施加所需要的张力，以便得到良好的卷取形状；

（3）通过对夹送辊的水平调整，获得良好的卷形。

夹送辊是一对上大下小的辊子，上下辊之间有 10°~20° 的偏角，带钢头部进入夹送辊后，头部被迫下弯，进入卷取机入口导板，如图 1-71 所示。

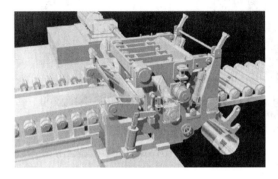

图片：夹
送辊

图 1-71 夹送辊

夹送辊上下辊都带有凸度，以便在卷取时带钢对中和延长辊子寿命。夹送辊对带钢施加后张力是由夹送辊的压紧力和传动马达决定的。马达容量最大已达800kW，压紧力也由最早 100kN 增大到现在的 1600kN。为此，夹送辊的形式也发生了变化，由摆动式发展为牌坊式、双牌坊式。卷取张力有卷筒与精轧机形成张力、有卷筒与精轧机和夹送辊形成张力、卷筒与夹送辊形成张力三种形式。各种张力控制方式，对卷形的影响是不同的，特别是厚度大、强度高的带钢差异更明显。为此，可采用双牌坊式夹送辊。前夹送辊起末架精轧机作用，建立张力，后夹送辊起正常夹送辊作用，而且在夹送辊前增加了一个压辊，防止带钢上翘。我国卷取机夹送辊还没有双牌坊式夹送辊，现采用的夹送辊多数为摆动式，其他为牌坊式。

1.7.2.4　侧导板

侧导板的功能是将输出辊道上偏离辊道中心的带钢头部平稳地引导到卷取机中心线，送入卷取机，在轧制过程中继续对带钢进行平稳的引导对中。为防止带钢头部在侧导板处卡钢，侧导板的开口度在头部未到达前，比带钢宽 50~100mm。当头部通过后，侧导板将快速关闭到稍大于带钢宽度的开口度。因此，侧导板的结构除正常的宽度调整机构外，还有一个快速开闭机构，该机构的开闭量是一个常数，一般为 50mm，采用气缸操作，通常称为短行程机构。侧导板的传动一般采用电机和齿轮齿条传动，近年来已大量采用液压传动侧导板，设定精度及对中效果均优于电动侧导板，如图 1-72 所示。

侧导板在引导带钢过程中，频繁地与带钢边部接触，磨损严重，形成沟槽。因此，在侧导板与带钢边部相接触的面上安装了可更换的衬板。为减少衬板的消耗，部分轧机在侧导板上安装有小立辊，以减小磨损。

图片：卷
取机侧
导板

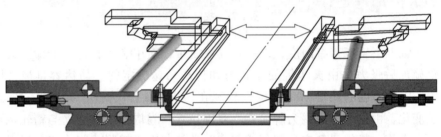

图 1-72　卷取机侧导板

复习思考题

1. 填空题

1-1　带钢生产分_____和_____。

1-2　热轧宽钢带指公称宽度不小于_____mm。

1-3　热轧窄钢带指轧制后公称宽度小于_____mm。

1-4　热轧带钢生产按轧制方式可分为_____、_____和_____。

1-5　热连轧带钢生产按照所使用的连铸板坯厚度可以分为_____、_____
_____和_____。

1-6　热连轧带钢按生产连续性可分为_____、_____、_____。

1-7　目前我国热连轧带钢最薄可达_____。

1-8　目前我国热连轧带钢最厚可达_____。

1-9　实现常规无头轧制的主要设备与技术为_____、_____、_____
_____及_____。

1-10　根据粗轧机组的组成和布置的不同，热带连轧机主要分为_____、_____
_____和_____。

1-11　连铸与轧制的衔接模式有_____、_____、_____和_____。

1-12　板坯宽度精度的控制主要在_____。粗轧机常用的板坯宽度控制方式为_____。

1-13　热轧带钢轧机有＿＿＿＿＿＿、＿＿＿＿＿＿等形式的板坯宽度侧压设备。

1-14　立辊轧机主要分为两大类，即＿＿＿＿＿＿和＿＿＿＿＿＿。

1-15　定宽压力机主要有两种形式，即＿＿＿＿＿＿和＿＿＿＿＿＿。

1-16　短锤头定宽压力机有两种形式，即＿＿＿＿＿＿和＿＿＿＿＿＿。

1-17　SSP 的工作模式有＿＿＿＿＿＿和＿＿＿＿＿＿两种。

1-18　常用的保温装置主要有＿＿＿＿＿＿和＿＿＿＿＿＿。

1-19　在热带轧制中采用的保温罩有以下几种：＿＿＿＿＿＿、＿＿＿＿＿＿和＿＿＿＿＿＿。

1-20　早期的热卷取箱为＿＿＿＿＿＿，热卷内圈的温降很大。新设计的热卷取箱为＿＿＿＿＿＿，且侧面带＿＿＿＿＿＿，避免了热卷内圈及边部的过大温降。

1-21　边部加热器的功能是将＿＿＿＿＿＿。

1-22　边部加热器的形式有两大类：一类是＿＿＿＿＿＿，另一类是＿＿＿＿＿＿。

1-23　精轧机前立辊轧机的主要功能是＿＿＿＿＿＿。

1-24　热轧带钢轧机的切头飞剪，一般采用＿＿＿＿＿＿和＿＿＿＿＿＿。

1-25　转鼓式飞剪分为＿＿＿＿＿＿、＿＿＿＿＿＿和＿＿＿＿＿＿三种形式。

1-26　精轧机前后设备主要包括＿＿＿＿＿＿、＿＿＿＿＿＿、＿＿＿＿＿＿及＿＿＿＿＿＿、＿＿＿＿＿＿、＿＿＿＿＿＿等。

1-27　在线磨辊装置的主要功能是＿＿＿＿＿＿。

1-28　在线磨辊装置（ORG）布置在上下工作辊入口侧的卫板上，由液压缸驱动。磨削轧辊的砂轮有＿＿＿＿＿＿和＿＿＿＿＿＿之分。

1-29　设置刮水板的目的是＿＿＿＿＿＿。

1-30　轧制时润滑油的供油方式有两种：一是＿＿＿＿＿＿，二是＿＿＿＿＿＿。

1-31　润滑油喷嘴与轧辊冷却水必须用＿＿＿＿＿＿分开。

1-32　辊缝喷淋的功能是＿＿＿＿＿＿。

1-33　精轧机架间冷却装置的主要功能是＿＿＿＿＿＿。

1-34　精轧机架间带钢横喷系统用来＿＿＿＿＿＿，最后机架后方的横喷可以＿＿＿＿＿＿。

1-35　轧机前后辊道的速度，不仅与轧辊线速度有关，而且与轧制过程中的＿＿＿＿＿＿和＿＿＿＿＿＿有关。

1-36　热带轧机精轧机组使用最普遍的活套装置有＿＿＿＿＿＿和＿＿＿＿＿＿。

1-37　调速辊道的控制方式主要取决于生产工艺要求，比如加热炉装炉辊道要求＿＿＿＿＿＿，可逆式粗轧机前后工作辊道要＿＿＿＿＿＿，中间辊道需要有＿＿＿＿＿＿，输出辊道要＿＿＿＿＿＿。

1-38　层流冷却装置主要由＿＿＿＿、＿＿＿＿、＿＿＿＿、＿＿＿＿、＿＿＿＿及＿＿＿＿和＿＿＿＿组成。为了保证带钢横断面温度均匀，增加了＿＿＿＿装置。

1-39　卷取机位于精轧机输出辊道末端，由卷取机＿＿＿＿＿＿、＿＿＿＿＿＿、＿＿＿＿＿＿、＿＿＿＿＿＿等设备组成。它的功能是＿＿＿＿＿＿。卷取机的数量一般＿＿＿＿＿＿台就能满足生产要求。

1-40　卷筒传动系统转动惯量（GD^2）大，卷取薄规格带钢时，由于头部卷紧时的冲击，在精轧和卷筒之间，屈服应力最小处会产生＿＿＿＿＿＿。为了减小转动惯量，采用两台电机切换工作，减速机进行速比切换工作。例如，厚带钢用＿＿＿＿电机和高速比工作，薄带钢用一台电机＿＿＿＿工作。

1-41　卷取张力有_____形成张力、_____形成张力、_____形成张力三种形式。

2. 判断题

2-1　邯钢薄板坯连铸连轧板坯厚度在 200mm 左右，长度一般为 4.5~9m。　　　　　　（　　）

2-2　常规热连轧带钢生产在板带钢的生产中占据着主导地位，尤其在带钢的性能与表面质量方面有着不可比拟的优势。　　　　　　　　　　　　　　　　　　　　　　　（　　）

2-3　薄板坯连铸连轧带钢生产工艺技术是 20 世纪 80 年代钢铁工业生产具有突破性的重大技术进步，完全可以取代常规热连轧带钢生产。　　　　　　　　　　　　　　　　（　　）

2-4　薄板坯连铸连轧带钢生产由于其流程短、规模适当、投资费用较低，所生产的热轧普通用途的带钢具有较好的市场竞争力。　　　　　　　　　　　　　　　　　　　　（　　）

2-5　薄板坯连铸连轧带钢生产由于其流程短、规模适当、投资费用较低，能生产所有用途的带钢，具有较好的市场竞争力。　　　　　　　　　　　　　　　　　　　　　　（　　）

2-6　坯料厚度在 135mm 的中薄板坯热连轧带钢生产线，其投资较小，所能生产的产品品种较全。　　　　　　　　　　　　　　　　　　　　　　　　　　　　　　　　　　（　　）

2-7　薄板坯连铸连轧带钢生产其坯料厚度多在 40~90mm 之间，坯料长度较长，多采用辊底直通式加热炉。　　　　　　　　　　　　　　　　　　　　　　　　　　　　　（　　）

2-8　热连轧带钢机组只能生产薄板，不能生产厚板。　　　　　　　　　　　　　（　　）

2-9　常规的热带轧机可以大批稳定地生产 0.8mm 厚的带钢。　　　　　　　　　　（　　）

2-10　一般将铸坯温度达到 400℃ 作为热装的低温界限，400℃ 以下热装的节能效果较小，且此时表面已不再氧化，故一般不再称为热装。　　　　　　　　　　　　　　　（　　）

2-11　板坯宽度精度的控制主要在粗轧机。　　　　　　　　　　　　　　　　　　（　　）

2-12　板坯宽度精度的控制主要在精轧机组。　　　　　　　　　　　　　　　　　（　　）

2-13　现代热带连轧机的精轧机组大多由 6~7 架组成，区别不大，但其粗轧机组的组成和布置却不相同。　　　　　　　　　　　　　　　　　　　　　　　　　　　　　（　　）

2-14　新建热连轧带钢生产车间以 3/4 连续式为主。　　　　　　　　　　　　　　（　　）

2-15　新建热连轧带钢生产车间以半连续式为主。　　　　　　　　　　　　　　　（　　）

2-16　粗轧机的水平轧机结构形式通常为二辊式或四辊式。二辊式布置在机组的前面，四辊式布置在机组的后面。　　　　　　　　　　　　　　　　　　　　　　　　　（　　）

2-17　一般立辊轧机是传统的立辊轧机，主要用于板坯宽度齐边，调整水平轧机压下产生的宽展量，改善边部质量。　　　　　　　　　　　　　　　　　　　　　　　　（　　）

2-18　有 AWC 功能的重型立辊轧机是传统的立辊轧机，主要用于板坯宽度齐边，调整水平轧机压下产生的宽展量，改善边部质量。　　　　　　　　　　　　　　　　（　　）

2-19　有 AWC 功能的重型立辊轧机侧压能力大，具有 AWC 功能，在轧制过程中可以对带坯进行调宽、控宽及头尾形状控制。　　　　　　　　　　　　　　　　　　　（　　）

2-20　一般立辊轧机是传统的立辊轧机，侧压能力大，具有 AWC 功能，在轧制过程中可以对带坯进行调宽、控宽及头尾形状控制。　　　　　　　　　　　　　　　（　　）

2-21　精轧机是成品轧机，是热轧带钢生产的核心部分，轧制产品的质量水平主要取决于精轧机组的技术装备水平和控制水平。　　　　　　　　　　　　　　　　　　　（　　）

2-22　带钢的宽度精度主要取决于粗轧机，但最终还要通过精轧机前立辊的 AWC 和精轧机间低惯量活套装置予以保持。　　　　　　　　　　　　　　　　　　　　　　（　　）

2-23　保证板面质量的最主要方法就是除鳞和辊面维护。　　　　　　　　　　　　（　　）

2-24　带钢的力学性能主要取决于精轧机终轧温度和卷取温度。　　　　　　　　　（　　）

2-25　目前我国精轧机组的布置形式都是一样的。　　　　　　　　　　　　　　　（　　）

2-26 中间辊道区保温装置位于粗轧与精轧之间，用于改善中间带坯温度均匀性和减小带坯头尾温差。 （　　）

2-27 早期的热卷取箱为有芯型，由于与芯轴之间的传热使得热卷内圈的温降很大。（　　）

2-28 现在热连轧带钢生产车间的热卷取箱都为有芯型，且侧面带保温装置，避免了热卷内圈及边部的过大温降。 （　　）

2-29 新设计的热卷取箱为无芯型，且侧面带保温装置，避免了热卷内圈及边部的过大温降。 （　　）

2-30 采用热卷取箱时，粗轧后入精轧机之前进行热卷取，以保存热量，减少温降，保温可达 90% 以上。 （　　）

2-31 采用热卷取箱时，首尾倒置开卷以尾为头喂入轧机，均化板带头尾温度，可以不用升速轧制而大大提高厚度精度。 （　　）

2-32 采用热卷取箱时，可延长事故处理时间 8~9min，从而可减少废品及铁皮损失，提高成材率。 （　　）

2-33 采用热卷取箱时，可使中间辊道缩短 30%~40%，节省厂房和基建投资。 （　　）

2-34 边部加热器的功能是将中间带坯的边部温度加热，补偿到与中部温度一致。 （　　）

2-35 边部加热器的功能是将中间带坯的边部温度加热，比中部温度更高，以避免边裂发生。 （　　）

2-36 热轧带钢轧机的切头飞剪，一般采用转鼓式飞剪，少数采用曲柄式飞剪。 （　　）

2-37 转鼓式飞剪的主要优点是结构较简单，可同时安装两对不同形状的剪刃，分别进行切头、切尾。 （　　）

2-38 曲柄式飞剪的主要优点是结构较简单，可同时安装两对不同形状的剪刃，分别进行切头、切尾。 （　　）

2-39 曲柄式飞剪的主要优点是剪刃垂直剪切，剪切厚度范围大，最厚可达 80mm，缺点是只能安装一对直刃剪。 （　　）

2-40 转鼓式飞剪的主要优点是剪刃垂直剪切，剪切厚度范围大，最厚可达 80mm，缺点是只能安装一对直刃剪。 （　　）

2-41 精轧机前立辊轧机附着在 F1 精轧机前面，它的主要功能是进一步控制带钢宽度。 （　　）

2-42 在线磨辊装置的主要功能是消除轧制中轧辊表面的不均匀磨损，保持轧辊表面光洁平滑，实现自由程序轧制。 （　　）

2-43 当辊缝润滑开始使用时，入口的轧辊冷却水自动关闭。 （　　）

2-44 轧机前后辊道的速度，不仅与轧辊线速度有关，而且与轧制过程中的前滑和后滑有关。 （　　）

2-45 轧机前后辊道的速度应与带钢速度同步，以防产生滑动擦伤。 （　　）

2-46 轧机前后辊道的速度应与轧辊线速度相等。 （　　）

2-47 带钢出精轧末架以后和在被卷取机咬入以前，为了在输出辊道上运行时能够"拉直"，辊道速度应比轧制速度高，即超前于轧机的速度，超前率为 10%~20%。 （　　）

2-48 带钢出精轧末架以后和在被卷取机咬入以前，为了在输出辊道上运行时能够"拉直"，辊道速度应比轧制速度高，即超前于轧机的速度，超前率为 20%~40%。 （　　）

2-49 热带钢当卷取机咬入带钢以后，辊道速度应与带钢速度（亦即与轧制和卷取速度）同步进行加速，以防产生滑动擦伤。 （　　）

2-50 热带钢当带钢尾部离开轧机以后，辊道速度应比卷取速度低，亦即滞后于带钢速度，其滞后率为 20%~40%。与带钢厚度成反比。 （　　）

2-51　热带钢当带钢尾部离开轧机以后，辊道速度应比卷取速度低，亦即滞后于带钢速度，其滞后率为 10%~20%。与带钢厚度成反比。　　　　　　　　　　　　　　　　（　　）

2-52　热带钢当带钢尾部离开轧机以后，辊道速度应比卷取速度低，亦即滞后于带钢速度，其滞后率为 20%~40%。与带钢厚度成正比。　　　　　　　　　　　　　　　　（　　）

2-53　层流冷却装置位于精轧出口和卷取入口之间的输出辊道上，用于带钢控制冷却。层流冷却的水压稳定，水流为层流，通常采用计算机控制，控制精度高，冷却效果好。　　（　　）

2-54　层流冷却时，为了保证带钢横断面温度均匀，增加了边部遮挡装置。　　　（　　）

2-55　在 20 世纪 80 年代后建设的轧机大多采用卧卷运输方式，以减少和消除边部缺陷。

　　　　　　　　　　　　　　　　　　　　　　　　　　　　　　　　　　　（　　）

3. 单选题

3-1　用厚度为 220mm 的连铸板坯为原料的热连轧带钢生产线属于（　　）。
　　A. 常规（或传统）热连轧带钢生产　　　B. 中薄板坯热连轧带钢生产
　　C. 薄板坯连铸连轧带钢生产　　　　　　D. 中厚板坯热连轧带钢生产

3-2　用厚度为 135mm 的连铸板坯为原料的热连轧带钢生产线属于（　　）。
　　A. 常规（或传统）热连轧带钢生产　　　B. 中薄板坯热连轧带钢生产
　　C. 薄板坯连铸连轧带钢生产　　　　　　D. 厚板坯热连轧带钢生产

3-3　用厚度为 70mm 的连铸板坯为原料的热连轧带钢生产线属于（　　）。
　　A. 常规（或传统）热连轧带钢生产　　　B. 中薄板坯热连轧带钢生产
　　C. 薄板坯连铸连轧带钢生产　　　　　　D. 中厚板坯热连轧带钢生产

3-4　在带钢的性能与表面质量方面有着不可比拟优势的热连轧带钢生产线为（　　）。
　　A. 常规（或传统）热连轧带钢生产　　　B. 中薄板坯热连轧带钢生产
　　C. 薄板坯连铸连轧带钢生产　　　　　　D. 中厚板坯热连轧带钢生产

3-5　多采用辊底直通式加热炉的热连轧带钢生产线为（　　）。
　　A. 常规（或传统）热连轧带钢生产　　　B. 中薄板坯热连轧带钢生产
　　C. 薄板坯连铸连轧带钢生产　　　　　　D. 中厚板坯热连轧带钢生产

3-6　以下哪一个企业的薄板坯连铸连轧生产线能生产超薄带钢（　　）。
　　A. 珠钢　　　　　B. 邯钢　　　　　C. 包钢　　　　　D. 唐钢

3-7　产品厚度下限可以达到 0.8mm 的热带生产线为（　　）。
　　A. 武钢 1700mm　　　　　　　　　　B. 宝钢 2050mm
　　C. 邯钢薄板坯连铸连轧　　　　　　　D. 唐钢薄板坯连铸连轧

3-8　热连轧带钢生产上所说的超薄带钢是指带钢厚度为（　　）。
　　A. 0.1~0.3mm　　　B. 0.3~0.8mm　　　C. 0.8~1.2mm　　　D. 1.2~2.0mm

3-9　热带 3/4 连续式粗轧机为 4 架，一般设置 1 架可逆式轧机，可逆式轧机最好放在（　　）。
　　A. 第一架　　　　B. 第二架　　　　C. 第三架　　　　D. 第四架

3-10　直接轧制的英文缩写为（　　）。
　　A. HDR　　　　B. DHCR　　　　C. HCR　　　　D. CCR

3-11　直接热装轧制的英文缩写为（　　）。
　　A. HDR　　　　B. DHCR　　　　C. HCR　　　　D. CCR

3-12　低温热装工艺的英文缩写为（　　）。
　　A. HDR　　　　B. DHCR　　　　C. HCR　　　　D. CCR

3-13　冷装炉轧制工艺的英文缩写为（　　）。
　　A. HDR　　　　B. DHCR　　　　C. HCR　　　　D. CCR

3-14 连铸坯直接轧制工艺（CC-HDR），其连铸坯温度应达到的度数为（   ）。

    A. 1100℃以上   B. 700~1000℃   C. 400~700℃   D. 400℃以下

3-15 连铸坯直接热装轧制工艺（CC-DHCR），其连铸坯温度应达到的度数为（   ）。

    A. 1100℃以上   B. 700~1000℃   C. 400~700℃   D. 400℃以下

3-16 低温热装工艺（CC-HCR），其连铸坯温度应达到的度数为（   ）。

    A. 1100℃以上   B. 700~1000℃   C. 400~700℃   D. 400℃以下

3-17 常规冷装炉轧制工艺其连铸坯温度应达到的度数为（   ）。

    A. 1100℃以上   B. 700~1000℃   C. 400~700℃   D. 400℃以下

3-18 不需要进常规加热炉加热的有（   ）。

    A. 直接轧制   B. 直接热装   C. 热装炉   D. 冷装炉

3-19 不需要进常规加热炉加热的有（   ）。

    A. HDR   B. DHCR   C. HCR   D. CCR

3-20 热带生产时，连铸板坯原料和成品宽度需要匹配，综合考虑最好采用以下方式匹配（   ）。

    A. 连铸机连续改变宽度   B. 重型立辊轧机

    C. 定宽压力机   D. 采用横轧的方式

3-21 定宽压力机每道次侧压量最大可达（   ）。

    A. 150mm   B. 250mm   C. 350mm   D. 450mm

3-22 定宽压力机采用空过模式说明宽度压下量小于（   ）。

    A. 50mm   B. 100mm   C. 150mm   D. 200mm

3-23 保温效果最好的保温罩是（   ）。

    A. 绝热保温罩   B. 反射保温罩   C. 逆辐射保温罩   D. 全辐射保温罩

3-24 可以同时安装两对不同形状的剪刃，分别进行切头、切尾的飞剪是（   ）。

    A. 圆盘剪   B. 摆式飞剪   C. 转鼓式飞剪   D. 曲柄式飞剪

3-25 在线磨辊装置（ORG）是下列哪种轧机的专配设备（   ）。

    A. 普通四辊轧制   B. CVC 轧机   C. HC 轧机   D. PC 轧机

3-26 带钢出精轧末架以后和在被卷取机咬入以前，为了在输出辊道上运行时能够"拉直"，辊道速度应比轧制速度高，即超前于轧机的速度，超前率为（   ）。

    A. 5%~10%   B. 10%~20%   C. 20%~30%   D. 30%~40%

3-27 当带钢尾部离开轧机以后，辊道速度应比卷取速度低，亦即滞后于带钢速度，其滞后率为（   ）。

    A. 5%~10%   B. 10%~20%   C. 20%~40%   D. 30%~50%

3-28 热轧带钢的终轧温度一般为（   ）。

    A. 550~650℃   B. 700~800℃   C. 800~900℃   D. 900~1000℃

3-29 热轧带钢的卷取温度通常为（   ）。

    A. 550~650℃   B. 700~800℃   C. 800~900℃   D. 900~1000℃

3-30 为避免和减轻带钢头部在卷第二、三圈时产生压痕，助卷辊采用的技术（   ）。

    A. AGC   B. AJC   C. AWC   D. AFC

4. 多选题

4-1 主要以带卷形式组织生产的有（   ）。

    A. 中厚板轧机生产   B. 热连轧带钢生产

    C. 冷轧带钢生产   D. 炉卷轧机生产

4-2　热连轧带钢生产按照所使用的连铸板坯厚度可以分为（　　　）。
　　A. 常规（或传统）热连轧带钢生产　　　B. 中薄板坯热连轧带钢生产
　　C. 薄板坯连铸连轧带钢生产　　　　　　D. 炉卷轧机生产

4-3　以下哪种机组可以生产超薄带钢（　　　）。
　　A. 中薄板坯热连轧带钢生产　　　　　　B. 薄板坯连铸连轧带钢生产
　　C. 热连轧带钢无头轧制　　　　　　　　D. 热连轧带钢半无头轧制

4-4　以下哪种机组可以生产 0.8mm 厚的热带钢（　　　）。
　　A. 中薄板坯热连轧带钢生产　　　　　　B. 薄板坯连铸连轧带钢生产
　　C. 热连轧带钢无头轧制　　　　　　　　D. 热连轧带钢半无头轧制

4-5　热带 3/4 连续式粗轧机为 4 架，一般设置 1 架可逆式轧机，可逆式轧机可以放在（　　　）。
　　A. 第一架　　　　　B. 第二架　　　　　C. 第三架　　　　　　D. 第四架

4-6　热带精轧机 6 架，配合以下哪种粗轧机可以构成半连续式（　　　）。
　　A. 一架不可逆轧机　　B. 一架可逆轧机　　C. 两架可逆轧机　　D. 四架轧机

4-7　热带粗轧机的水平轧机结构形式可以选择（　　　）。
　　A. 二辊式　　　　　B. 三辊式　　　　　C. 四辊式　　　　　　D. 六辊式

4-8　连铸与轧制的衔接模式可以是（　　　）。
　　A. HDR　　　　　　B. DHCR　　　　　　C. HCR　　　　　　　D. CCR

4-9　连铸与轧制的衔接模式可以是（　　　）。
　　A. 直接轧制　　　　B. 直接热装　　　　C. 热装炉　　　　　　D. 冷装炉

4-10　连铸坯能做到在奥氏体状态装入加热炉的有（　　　）。
　　A. HDR　　　　　　B. DHCR　　　　　　C. HCR　　　　　　　D. CCR

4-11　连铸坯能做到在奥氏体状态装入加热炉的有（　　　）。
　　A. 直接轧制　　　　B. 直接热装　　　　C. 热装炉　　　　　　D. 冷装炉

4-12　连铸坯通常在铁素体状态装入加热炉的有（　　　）。
　　A. HDR　　　　　　B. DHCR　　　　　　C. HCR　　　　　　　D. CCR

4-13　连铸坯通常在铁素体状态装入加热炉的有（　　　）。
　　A. 直接轧制　　　　B. 直接热装　　　　C. 热装炉　　　　　　D. 冷装炉

4-14　需要进常规加热炉加热的有（　　　）。
　　A. HDR　　　　　　B. DHCR　　　　　　C. HCR　　　　　　　D. CCR

4-15　需要进常规加热炉加热的有（　　　）。
　　A. 直接轧制　　　　B. 直接热装　　　　C. 热装炉　　　　　　D. 冷装炉

4-16　能称为连铸坯热送热装轧制工艺的有（　　　）。
　　A. HDR　　　　　　B. DHCR　　　　　　C. HCR　　　　　　　D. CCR

4-17　能称为连铸坯热送热装轧制工艺的有（　　　）。
　　A. 直接轧制　　　　B. 直接热装　　　　C. 热装炉　　　　　　D. 冷装炉

4-18　能称为连铸—连轧工艺的有（　　　）。
　　A. 直接轧制　　　　B. 直接热装　　　　C. 热装炉　　　　　　D. 冷装炉

4-19　能称为连铸—连轧工艺的有（　　　）。
　　A. HDR　　　　　　B. DHCR　　　　　　C. HCR　　　　　　　D. CCR

4-20　能称为 CC-CR 的有（　　　）。
　　A. 直接轧制　　　　B. 直接热装　　　　C. 热装炉　　　　　　D. 冷装炉

4-21 能称为 CC-CR 的有（　　　）。

    A. HDR   B. DHCR   C. HCR   D. CCR

4-22 热带生产时，连铸板坯原料和成品宽度需要匹配，可以采用以下方式匹配（　　　）。

    A. 连铸机连续改变宽度   B. 重型立辊轧机

    C. 定宽压力机   D. 采用横轧的方式

4-23 板坯宽度精度的控制主要在（　　　）。

    A. 粗轧机   B. 精轧机   C. 卷取机   D. 立辊系统

4-24 在中间辊道区用于加热保温的装置有（　　　）。

    A. 加热炉   B. 边部加热器   C. 保温罩   D. 热卷取箱

4-25 在热连轧带钢机组通常采用的保温罩有（　　　）。

    A. 绝热保温罩   B. 反射保温罩

    C. 逆辐射保温罩   D. 全辐射保温罩

4-26 热带精轧机组想对板形有较大控制能力，其轧机可以采用（　　　）。

    A. CVC 轧机   B. PC 轧机   C. HC 轧机   D. WRS 轧机

4-27 轧机前后辊道速度与以下哪些因素有关（　　　）。

    A. 轧辊线速度   B. 前滑和后滑   C. 压下补偿系数   D. 轧制速度

5. 名词解释题

5-1 常规（或传统）热连轧带钢生产。

5-2 薄板坯连铸连轧带钢生产。

5-3 中薄板坯热连轧带钢生产。

5-4 热带无头连续轧制带钢技术。

5-5 热带半无头轧制技术。

5-6 炉卷轧机生产。

5-7 连铸坯直接轧制工艺（CC-HDR）。

5-8 连铸坯直接热装轧制工艺（CC-DHCR）。

5-9 低温热装工艺（CC-HCR）。

5-10 常规冷装炉轧制工艺。

5-11 一般立辊轧机。

5-12 重型立辊轧机。

5-13 跳跃控制。

6. 简答题

6-1 热轧带钢生产有哪几种类型？

6-2 热连轧带钢生产按所使用的坯料厚度分为哪几种类型？

6-3 在热连轧机上采用什么手段才可以生产厚度为 0.8~1.2mm 的超薄带钢？

6-4 炉卷轧机是如何生产的？

6-5 叙述邯钢薄板坯连铸连轧厂生产工艺流程。

6-6 简述热连轧带钢生产工艺流程（或绘制生产流程图）。

6-7 连铸与轧制的衔接有哪几种模式？

6-8 如何根据粗轧机的布置来划分热连轧带钢的形式？

6-9 热带生产中，3/4 连续式轧机有哪些特点？

6-10 热带生产中，半连续式轧机有哪些特点？

6-11 举例说明热连轧带钢车间轧制几个道次？

6-12 简述粗轧机组有哪些设备？

6-13　看图 1-28，按数字序号叙述设备名称。

6-14　热连轧带钢机组中为什么要设置板坯宽度侧压设备？

6-15　从功能上说明一般立辊轧机和有 AWC 功能的重型立辊轧机的区别。

6-16　与立辊轧机相比，定宽压力机有哪些优点？

6-17　现代热连轧带钢生产车间，如果同时配备了定宽压力机和立辊系统，它两者如何协调工作？

6-18　定宽压力机的结构是怎样的？

6-19　为什么要进行除鳞，除鳞机理是什么？

6-20　热带粗轧除鳞箱的结构怎样？

6-21　简述精轧机组的设备组成。

6-22　热带中间辊道处为什么要采取保温措施，具体有哪些装置？

6-23　在热带轧制中采用的保温罩系统有几种？

6-24　简述逆辐射保温罩的结构和工作原理。

6-25　简述常见的精轧机组的布置形式有哪些？

6-26　切头飞剪的作用有哪些？

6-27　热轧带钢轧机的切头飞剪有哪两种，各自的优缺点是什么？

6-28　叙述精轧除鳞箱的结构和功能。

6-29　论述精轧机组是如何保证产品质量的。

6-30　逆辐射保温罩的结构如何，采用逆辐射保温罩有什么好处？

6-31　采用热卷取箱有什么好处？

6-32　润滑轧制的目的是什么？

6-33　润滑轧制时有哪些操作需要重点关注？

6-34　带钢横喷有什么作用？

6-35　活套装置的作用是什么？

6-36　输出辊道采用什么样的速度制度？

6-37　比较层流冷却、水幕冷却、高压喷水冷却的特点。

6-38　叙述卷取机的作业过程。

6-39　助卷辊的作用是什么？

6-40　夹送辊的主要功能是什么？

2 热连轧带钢生产计算机控制

2.1 热连轧带钢生产计算机控制功能

热连轧带钢生产是目前应用计算机控制最为成熟的一个领域，其控制范围包含了整个生产过程，从加热炉入口，甚至从连铸出口开始到成品库，包括了轧制计划、板坯库管理、数学模型、设备控制和质量控制及传动（电气及液压传动）数字控制等各个层次，是轧钢自动化领域中最为庞大，最为复杂的控制系统。

按照国际上的通用分类方法，工业控制过程自动化系统的分级如下。

0级，传动级（Driver），简称 Level 0 或 L0。

1级，基础自动化级（Basic Automation），简称 L1。

2级，过程控制级（SCC 或 Process Control，Supervisory Control Computer），简称 L2。

3级，生产控制级（Production Control），简称 L3。

更上一级的系统还有 MES 制造执行系统（MES，Manufacturing Execution System，MES 是位于上层的计划管理系统与底层的工业控制之间的面向车间层的管理信息系统）、ERP 企业资源计划系统（ERP，Enterprise Resource Planning，ERP 是针对物资资源管理、人力资源管理、财务资源管理、信息资源管理集成一体化的企业管理软件）、生产管理系统、产销一体化系统等，系统的名称和功能就不那么统一了。

2.1.1 基础自动化控制功能

基础自动化面向机组，面向设备的机构。随着电气传动的数字化及液压传动的广泛应用，数字传动已逐步与基础自动化成为一个整体。

基础自动化控制功能按性质可分为轧件跟踪和运送控制、顺序控制和逻辑控制、设备控制、质量控制。

2.1.1.1 轧件跟踪和运送控制

轧件（钢坯、带坯、带钢）的运送是生产工艺所要求的基本功能之一，其基本任务是控制各区段辊道速度及其转停，使轧件以最快速度从加热炉入口运送到加热炉、粗轧、精轧、卷取，并在各区进行加工处理后由运输链运出，但在保证最快速度运送的同时还要保证自动轧钢时前后轧件不相碰撞，维持一定的节奏。

为了能根据工艺要求对生产线上多根轧件（从加热炉出口到运输链最多可有 7~8 根轧件）进行运送及顺序控制，基础自动化各控制器需要知道每一个轧件在轧

课件：计算机控制分级分区

微课：计算机控制分级分区

课件：带钢热轧计算机控制功能

微课：带钢热轧计算机控制功能

线上的位置及其位置的变化，因此轧件跟踪实质上是协调各程序并获取"事件"的重要程序。轧件跟踪将在基础自动化、过程自动化及生产控制级中分别进行，但各级的要求不同并都以基础自动化的位置跟踪结果为依据。基础自动化的跟踪实质上是对生产线各轧件的位置及其变化进行跟踪，并为顺序控制提供"事件发生"信号（某热金属检测器由 OFF 变为 ON 或由 ON 变为 OFF 都称作为一个事件）。基础自动化的位置跟踪结果将上送过程自动化。

过程自动化的轧件跟踪实质上是对各轧件的数据进行跟踪以使数据和轧件能对上号，能正确地设定计算和自学习，同时也利用一些"事件"来启动某些程序。

当轧件（钢坯、带坯、带钢）在辊道上的实际位置与计算机所跟踪的位置不一致时，操作人员通过人机界面，通知跟踪修正功能修改轧件在计算机上的跟踪信息，使之与实际位置一致。

生产控制级的跟踪将用于质量控制及报表打印。

2.1.1.2　顺序控制和逻辑控制

逻辑控制是生产过程自动化的基本内容之一。实际上基础自动化所有控制功能都含有一定的逻辑功能，包括功能的连锁、功能执行或停止的逻辑条件等，因此每一个功能都将存在逻辑部分和控制部分两个部分。除此之外，根据工艺需要将设置一些包括逻辑部分的顺序控制功能，主要是炉区及粗轧区辊道的运转（自动加速、稳速、减速及反转）的顺序控制。

2.1.1.3　设备控制

设备控制包括设备的位置控制和速度控制，包括轧机辊缝定位、侧导板定位、窜辊位置控制、推钢机行程控制、主传动速度控制等，还包括弯辊装置的恒压力控制。全生产线有上百个设备控制回路，因此可以说设备控制是最基本的控制功能。

设备控制接受过程自动化级数学模型计算所得的各项设定值（辊缝、速度、弯辊力等），对各执行机构进行位置和速度整定，在半自动状态下则接受操作人员通过人—机界面输入的设定值并进行位置和速度整定。

随着电气及液压传动的数字化，设备控制将逐步由数字传动控制承担。

2.1.1.4　质量控制

对带钢热连轧来说，质量控制包括厚度控制、终轧温度控制、卷取温度控制（包括冷却速度控制）、宽度控制、板形控制及表面质量控制。

过程自动化设定模型的主要任务是对各执行机构的位置、速度进行设定以保证带钢头部的厚度、温度、板形质量，而质量控制功能则用于保证带钢全长的厚度、温度、板形等精度。

2.1.2　过程自动化控制功能

过程自动化面向整个生产线，其中心任务是对生产线上各机组和各个设备进行设定计算，为此其核心功能为对粗轧、精轧机组负荷进行分配（包括最优化计算）及数学模型的预（报）估，为了实现此核心功能，过程控制计算机必须设有板坯（数据）跟踪、初始数据输入、在线数据采集及模型自学习等为设定模型服务和配套的功能。热连轧过程自动化控制的主要功能是精轧机组的厚度设定数学模型和板形设定数学模型，设定值计算后下送基础自动化，由设备控制功能执行。

2.1.3 生产控制级功能

生产控制级主要完成生产计划的调整和发行，生产实绩的收集、处理和上传给生产管理级，对板坯库、钢卷库、成品库进行管理，以及进行产品质量控制等任务。

2.1.4 生产管理级功能

生产管理级主要完成合同管理、生产计划编制、各生产线的相互协调、按合同申请材料、将作业计划下发给生产控制级、收集生产控制级的生产实绩、跟踪生产情况和质量情况、组织成品出厂发货，以及财务管理等任务。

为了更好说明过程自动化与基础自动化各功能间的关系，以及各相关功能间的关系，图2-1给出了带钢热连轧计算机控制主要功能总框图，图2-2给出了带钢热连轧计算机控制主要功能简图。

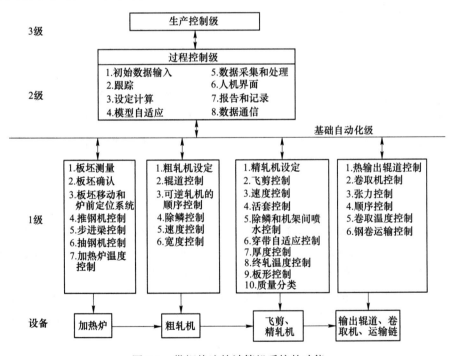

图 2-1 带钢热连轧计算机系统的功能

2.1.5 轧线自动化控制系统的控制方式

所谓轧线自动化控制系统的控制方式是指以何种方式进行生产。轧线自动化控

图片：带钢热连轧计算机控制主要功能简图

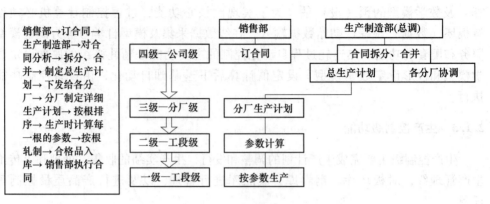

图 2-2　带钢热连轧计算机控制主要功能简图

制系统通常有三种工作方式，即自动方式、半自动方式和手动方式。自动和半自动方式的区别在于各个基础自动化控制系统是接收过程机设定的数据还是接收来自操作室 HMI 设定的数据，前者称为自动方式，后者称为半自动方式。手动方式是指在某一范围内对某些设备进行人工操作，如运输链区域的个别设备可以在手动方式下进行操作。

对于现代热连轧带钢生产线，通常在自动或半自动工作方式下进行正常生产，手动方式一般用于设备的检验、维护。

2.1.6　模拟轧制

所谓模拟轧制，就是在轧线上并未真正存在板坯的情况下，通过模拟板坯的运送来确定电气、机械的动作是否正常，它通过自动化控制系统编制模拟轧制控制程序来实现。当虚拟板坯在轧线上行进时，轧线上相应位置的 HMD、高温计和轧机负荷继电器等检测元件状态（ON/OFF）的模拟发出检得、检失信号，模拟轧制控制程序根据这个信号进行规定设备的动作（数据设定、APC 动作、速度设定动作等），并对此予以确认。

模拟轧制的目的如下。

（1）加快调试进度。在设备出厂前系统集成测试及控制系统安装完毕而现场机械设备不具备动作条件时，可用于检查用户控制逻辑；在现场设备具备调试条件后，可用于区域设备单体测试或不同区域设备的联合测试。

（2）设备检修后的动作确认。设备检修后，操作员可启动模拟轧制控制程序，对机械设备的动作连锁、控制功能、传动功能等进行检查，以确认其是否具备轧钢条件。

（3）设备改造后动作确认。在改造机械设备、控制系统机器的情况下，可用模拟轧制控制程序，对轧线的控制动作（包括改造功能）等进行确认。

模拟轧制控制程序并不是万能的，轧线上的某些控制功能无法模拟，如粗轧 AWC、HAGC、卷取 AJC 等。

2.2　计算机对轧制过程控制的基本内容

2.2.1　3/4 连续式热连轧机设备布置

某 1700mm 3/4 连续式带钢热连轧机轧制线设备布置，如图 2-3 所示，主要设备有步进式加热炉、粗轧机组、精轧机组、层流冷却装置和卷取机组等。将厚度为

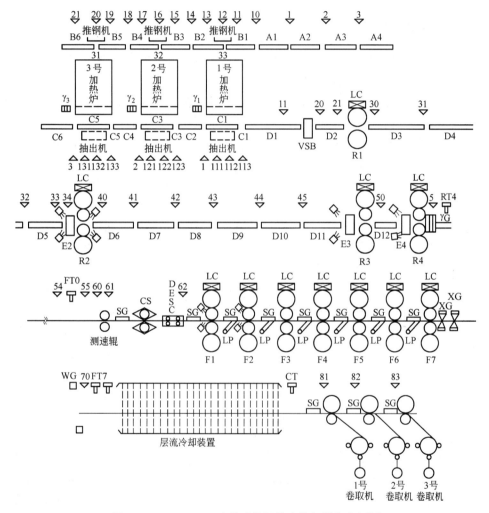

图 2-3　1700mm 3/4 连续式带钢热连轧机设备布置图

辊道：A—上料辊道；B—入炉辊道；C—出炉辊道；D—粗轧区辊道；

E—中间辊道或延迟辊道；G—热输出辊道

设备：VSB—大立辊；E2~E4—小立辊；R1~R4—1~4 架粗轧机；F1~F7—1~7 架精轧机；

CS—飞剪；SG—侧导板；LP—活套支持器

数字：对应 AB 区辊道的数字—冷金属检测器；其他区数字—热金属检测器

仪表：LC—负荷传感器即测压仪；γG—γ 射线测厚仪；XG—X 射线测厚仪；

WG—测宽仪；RT4—第 4 架粗轧机

后测温仪：FT0—（第 1 架）精轧机前测温仪；FT7—（第 7 架）精轧机后测温仪；CT—卷取机前测温仪

150~250mm 的板坯，经粗轧和精轧机组轧成厚度为 1.2~12.7mm 的带钢卷，其中一部分可以作为成品出厂，另一部分可以供冷轧厂和硅钢厂作为再次加工的坯料。

带钢热连轧生产线进行自动化轧钢时，板坯和轧制计划的原始数据由生产控制级计算机下传给过程控制级计算机，板坯原始数据包括钢种、化学成分、板坯厚度、板坯宽度、板坯长度、板坯重量、板坯在库中的位置及钢卷厚度、宽度等，如果没有生产控制级计算机，通过初始数据输入（PDA）终端直接输入到过程控制级计算机中。

课件：加热、粗轧区的自动化过程

微课：加热、粗轧区的自动化过程

2.2.2　加热区的自动化过程

根据轧制计划表中所规定的顺序，某块板坯由起重机吊到上料 A 辊道上后，就处于过程控制级计算机的跟踪之下。

板坯在 A 辊道上，受到冷金属检测器的跟踪，并由冷金属检测器控制辊道的运转和控制板坯在辊道上的位置。为了避免计算机误动作，上料时不论是长板坯还是短板坯，一组辊道上只能放一块板坯，不能跨组放，也不能在同一组辊道上放两块板坯。

板坯上了 A 辊道后，要测量长度和质量，测量装置自动完成测量后，把实测数据传给计算机，计算机对数据进行检查，发现异常时输出报警信息，请求操作人员进行相应处理。计算机把 PDA 中的板坯号和由操作人员通过人机接口 MMI 装置输入的标在实际板坯上的号码比较，进行板坯确认或称板坯识别。如果发现异常，要进行重新排序、做"缺号处理"或将板坯吊销。

对已经测量和确认过的板坯按照规定的炉号、炉列进行板坯移动和炉前定位控制，控制板坯的炉前对中停止，这由 B 辊道自动位置控制系统 APC 程序完成。

板坯要推入加热炉时，计算机确定推钢机的移动行程，并且对这一设定计算值进行合理性检查，在满足装钢条件时，通过 APC 程序控制推钢机把板坯装入加热炉内预定位置。

板坯在炉内移动的位置用冷金属检测器 31、32、33 作为跟踪的起始点。板坯在加热炉中由步进梁一步一步地将它移向出料端。为了防止炉内最前面的板坯越位而碰到出料炉门上，甚至掉下去，所以在距出料端墙 1450mm 处的侧墙上设有 γ 射线检测器，用来控制步进梁停止前进。为了保证抽出机的正常操作，当 γ 射线检测器出故障时，步进梁可由计算机控制其停止前进。步进梁进行上升、前进、下降、后退的反复循环动作以及当出钢时间大于规定时间，步进梁进行上升、下降的踏步动作，均由计算机控制。加热炉的燃烧控制，由计算机进行设定和计算，而用相应的温度和流量调节器来执行其控制功能。

计算机根据轧件的尺寸和轧件的"运动方程"预测轧件在粗轧区、精轧区、卷取区的运行时间，并根据轧线上的生产状况和加热炉烧钢状况，决定板坯从加热炉抽出的时间，进行轧制节奏（mill pacing）控制，除了全自动抽钢方式外，还有定时抽钢和强制抽钢方式。

当有抽钢请求时，计算机首先检查抽钢的各种条件是否满足，然后进行抽钢机行程设定值计算，并通过 APC 程序控制抽钢机前进和后退，把加热好的板坯放在出炉辊道中心线上，根据前进方向是否有钢坯来决定出炉辊道的速度，移动板坯进入粗轧区。

2.2.3　粗轧区的自动化过程

从加热炉的出炉辊道到卷取机的整个轧制线上，为适应工艺过程自动化的要求，在相应的设备处均设置有热金属检测器，用来跟踪轧件，以便计算机根据热金属检测器检测出板坯、带坯或带钢的位置，对轧制线上的相应设备进行设定和控制。

当下一块板坯将被抽出时，过程控制计算机通过数学模型进行粗轧机组各设定值计算，如水平轧机各机架各道次的压下位置即轧前辊缝、立辊轧机各机架各道次的开口度、侧导板位置、水平轧机各架的咬入速度、轧制速度、抛钢速度、立辊轧机速度、前后辊道速度、除鳞方式、测量仪表基准值、压下补偿值等，对粗轧机组设定计算有两次，时间分别是从加热炉抽钢时和板坯到达粗轧机入口时，第二次比第一次精确。

基础自动化级各计算机接受这些设定值后，通过各自的自动位置控制系统 APC 程序和各自的速度控制系统，在规定的时间内把水平轧机上工作辊位置、轧辊速度、立辊轧机开口度、侧导板位置等正常轧制工艺要求的各个设定项目实际值调整到与设定值允许的偏差范围内。

出炉后的板坯通过热金属检测器来控制辊道的运转，将板坯送入到大立辊（VSB）中，大立辊给予板坯一定的侧压下量：一方面是减缩板坯的宽度；另一方面是用于破碎附在板坯表面上的炉生氧化铁皮，在大立辊之后设有高压水喷嘴，用来破除板坯表面上的氧化铁皮。为了进一步提高板坯表面质量，在板坯进入二辊不可逆式轧机 R1 之前，再用高压水喷除氧化铁皮。轧件在 R1 轧机上仅轧制一道次，然后立即自动地将轧件送往四辊可逆式轧机 R2 中继续进行轧制，根据钢种和压下规程的不同，在 R2 轧机上轧制 3~5 道次。由于 R2 可逆式轧制道次有可以选择的余地，为了适应轧制多品种规格轧件的可能，在操作台上设计有半自动设定。由操作人员设定 R2 轧机各道次的工艺参数，并将所设定的信号输给 1 号 DDC，由它来执行控制。R2 轧机进行往复轧制时，在奇数道次的情况下，入口侧导板将轧件对中，小立辊 E2 对轧件给予侧压下，轧件进入 R2 之前要用高压水进一步除鳞；而在偶数道次情况下，R2 后面的侧导板将轧件移正，此时 R2 前面的侧导板（即入口侧导板）打开，小立辊 E2 不给予侧压下。R2 轧机正反转和高压水喷嘴的给定，由入口侧和出口侧的热金属检测器 34 和 40 发出信号进行控制。由于 R2 轧机前后工作环境条件差，有水雾干扰，为了保证此热金属检测器 34 和 40 能可靠地工作，而采用了 γ 射线检测器。

轧件继续进入 R3 和 R4 四辊不可逆式轧机中进行双机连轧。R4 轧机采用交流同步机传动，而 R3 轧机采用直流电动机传动，其速度是可变的。R3 轧机的速度设定根据 R4 轧机的速度和金属秒流量相等的关系进行计算，考虑到轧制过程中被轧金属性能和工艺参数的变化，为了保证双机连轧过程能稳定地进行，R3 与 R4 轧机之间的带钢采用无张力控制。在 R3 和 R4 轧机的入口侧均设有高压水除鳞喷嘴，根据成品规格的不同来确定是否喷水，一般来说，厚度大于 2.5mm 的成品带钢，当轧件在 R3 和 R4 中轧制时，均采用高压水进一步除鳞。在 R4 轧机出口侧的中间辊道上，设置有 γ 射线测厚仪（γG）、光电测宽仪和光学高温计 RT4。实测出来的厚度、宽度和温度值输送给计算机，用来设定精轧机穿带时的温降计算、设定各机架的出口厚度及粗轧机组进行宽度控制。

概括起来，粗轧区的自动化对象和内容如下。

（1）粗轧机组各设备的基本设定项目。R1、R3 和 R4 轧机的压下位置；R2 轧机的轧制道次及其各道次的压下位置；大立辊（VSB）和小立辊 E3 和 E4 的开口度，以及 E2 小立辊机架奇数道次的开口度；VSB、R1、R4 的入口侧导板的位置，以及 R2 轧机前后侧导板的位置；R2 轧机咬钢、抛钢和最大的轧制速度，VSB、R1、R3 和 R4 轧机的轧制速度，R2 轧机的轧制时间和反转时间的设定；R1、R2、R3、R4 前和 VSB、R2 后高压水除鳞喷嘴的设定；粗轧机组出口侧测厚仪、测宽仪和测温仪的整定等。

（2）带坯宽度的控制。根据在精轧机组出口侧实测所得到的成品带钢的宽度，将它反馈到粗轧机组 E3 和 E4 进行再设定，来对带坯进行宽度控制，当所要求的精轧成品带钢的宽度与实测宽度差小于 2.0mm 时，便认为达到了技术标准的要求，此时便可以停止对所要求的粗轧带坯宽度的修正。

（3）R3 与 R4 机架之间的无张力控制。为了保证双机连轧过程能稳定地进行，在 R3 与 R4 机架上采用了无张力控制，所谓无张力并不是轧件上没有张力作用，而只是指其张力水平限制在很小和恒定的范围内。

（4）轧件在 R2 与 R3 轧机之间的辊道（D6~D11 组辊道）上进行游荡等待的控制。为了防止本块带坯在精轧机第一架 F1 之前与前一块带坯（已进入精轧机组的带坯）相碰，则在轧件被 R3 轧机咬入之前，要进行防止碰撞检验计算，当允许轧件进入 R3 轧机时才能被 R3 轧机咬入，否则轧件就应在 R3 轧机前面的辊道上进行游荡等待。

课件：精轧区、层流冷却和卷取区的自动化过程

微课：精轧区、层流冷却和卷取区的自动化过程

2.2.4　精轧区的自动化过程

从粗轧机组出口到精轧机组入口的辊道称为延迟辊道（delay table），按辊道的编号也称为 E 辊道。在 E 辊道前进方向的左侧设有废品推出机，右侧设有固定式台架，用来处理轧废的带坯。

辊道速度由计算机控制，既要缩短中间带坯的运行时间，又要避免前后两块相撞。当带坯从 R4 出来时，E 辊道的速度与 R4 机架同步。当带坯尾部离开 R4 机架时，计算机进行碰撞条件检查，如果不会发生碰撞，则控制 E 辊道高速运转，否则控制 E 辊道低速运转直到不会相撞时才转为高速运转。当本块带坯到达切头飞剪前的热金属检测器 HMD54 时，如果先行带坯仍旧处于第一架精轧机 F1 为 ON 的情况，即先行带坯还在 F1 中轧制，计算机要判断是否会与先行带坯相撞，如果 F1 为 OFF，即其中已无轧件，则要对轧机辊缝、速度是否达到设定值进行检查，如果有相撞可能，或检查通不过，则发出摆动命令，使 E 辊道反转延迟 10s 后再正向前进，这样来回摆动（每次接通 HMD54 时重复检查一次），直到合格，计算机发出

解除摆动指令为止。当带坯前进到热金属检测器 55 时，测速辊下降，测量出此时带坯的实际运行速度，以便带坯前进到热金属检测器 60 时，将带坯的速度完全下降到与飞剪切头的速度相一致。在带坯头部到达热金属检测器 61 时，启动飞剪自动地将带坯的不规则或低温的头部切掉。然后应将带坯的速度进一步降低到能与精轧机组第一机架 F1 的咬入速度相适应，即考虑压下补偿。切尾时带坯的速度由精轧前除鳞箱中的第二对夹送辊的上辊来检测，然后根据此速度来确定飞剪切尾时的速度，切尾时仍用热金属检测器 61 来启动飞剪。为了避免切下的头部和尾部搭在带坯上，切头时飞剪的速度要稍高于带坯的速度，切尾时飞剪的速度应比带坯的速度稍低一些。

计算机对飞剪的控制包括剪切方式、剪切长度选择及启动飞剪剪切。剪切方式有切头、切尾和二分割 Half 三种。一般带坯要切头使头部整齐，便于精轧机和卷取机咬入。是否切尾，要根据成品厚度和宽度来定，当成品厚度为 2.4mm 以上和宽度为 1000mm 以下时，带坯的尾部不进行剪切。剪切方式可由计算机设定，也可由操作人员决定。而事故剪切由操作人员控制。过去一般由操作人员设定切头切尾长度，定长度剪切。为了提高成材率，开发了根据带坯不同头部形状，进行最佳长度剪切的系统。

切完头的带坯经除鳞箱用高压水去除在中间辊道上形成的二次氧化铁皮，为了进一步清除轧件表面上的二次氧化铁皮，在 F1 和 F2 机架之前，还设有高压水喷嘴，它们不仅起着去除二次氧化铁皮的作用，而且还起着调节成品带钢温度的作用，所以除鳞箱、F1 和 F2 之前的高压水喷嘴的选择，应根据成品带钢的厚度，由 2 号 DDC 计算机进行选择。在 F3~F7 各机架之前皆设有冷却带钢的喷嘴，目的在于调节成品带钢的终轧温度，它们的选择也是根据成品带钢的厚度和终轧温度，由 2 号 DDC 计算机进行控制，除了通过改变喷水方式来改变水量外，还可以通过动态调节阀门开度来控制水量的大小。

为了保证轧件在精轧机组中的连轧过程能稳定可靠地进行，当带坯的前端到达 R4 后面的温度计 RT4 之后的 2s，应根据成品带钢的规格（如钢种、材质和尺寸等）、粗轧结果的信息（如带坯厚度、宽度和温度等），来决定精轧机组各机架的负荷分配、压下规程和速度规程，并根据轧制负荷来确定压下位置，对精轧机组各个机架进行第一次设定。

在第一次设定计算之后，由于带坯随着运行时间的推移会产生一定的温度降，当带坯通过飞剪处的温度计 FT0 时，计算机应根据此时实测的温度，再次使用温度模型进行设定计算，即所谓第二次设定。它对于在精轧以后的工序中发生故障，而需要在中间辊道上待轧的带坯，以及带坯被分切成两段时，对后半段带坯的设定特别有效。当带坯被 F1 和 F2 机架咬入之后，要根据实测的轧制压力和压下位置，与其设定值进行比较，然后对 F3 至 F7 机架进行第三次设定，第三次设定也称为穿带自适应。

带坯被精轧机咬入之后，其相应机架的厚度自动控制装置（即 AGC）便逐次地投入工作。

当带钢被精轧机组中的两个机架咬入之后，由其中后一机架的负荷继电器来启动其间的活套支持器，按金属秒流量相等的原则，采用调节前一机架的速度，来保持两机架的速度平衡关系。活套支持器除了要支持机架间带钢的重量之外，同时还起着调节和保持机架间带钢上有恒定的小张力。

为了使成品带钢在精轧机组出口处的温度，沿带钢长度方向能均匀一致，在连轧过程中采用了升速轧制法，即穿带时为一个速度，在穿带完了之后，根据成品带钢厚度规格的不同，采用不同的加速度来进行轧制。当轧制薄规格的带钢时，为了保证带钢穿带时在输出辊道上运行的稳定性，一般采用二段加速，即分为第一加速度和第二加速度。由于在精轧机组出口侧布置有测厚仪和测宽仪等设备，因此该处辊道的辊子间距大，带钢在此区域内运行的稳定性很差，所以规定带钢在离最末机架出口以后50m才开始第一段加速。在轧制过程中，根据精轧机组出口处带钢的温度来调节其所需的加速度范围。精轧机组所采用的最高轧制速度，是按照事先存储在计算机中的表格来进行设定，但也可以由操作人员根据轧制的实际情况进行设定。当一根带钢在精轧机组中的轧制过程快要完成时，为了避免抛钢时带钢尾部跳动或打折，在带钢尾部离开F7机架之前，便应根据事先确定好的减速开始机架进行减速，其减速开始机架可以选择F1、F2或F3，也就是说当带钢尾部离开该机架之后，就应使F7的速度逐渐降到抛钢速度。当带钢尾部离开每个机架之后，则该机架就应以最大减速度把其速度降为下一次穿带时的速度，为下一根带钢的轧制做好准备。

在轧制过程中，精轧机组各机架的速度调节系统，均以F7机架作为基准机架，由2号DDC计算机进行控制。在精轧机组的操作室中，也设有半自动设定速度功能，必要时可由操作人员对精轧机组的速度进行设定，并将其信号输送给2号DDC，由计算机来控制。

为了控制带钢的横向厚差和平直度，在精轧机组的7个机架上均设有工作辊的正、负弯辊装置，正弯辊使用的液压缸设在牌坊窗口的凸台上，在支撑辊轴承座内设有用于负弯辊的液压缸。至于选用哪一机架的弯辊装置，是选用正弯辊，还是负弯辊，都是由操作人员根据板形的情况不同来合理选用。在不使用弯辊装置时，正弯辊的液压缸便作为工作辊的平衡缸用，此时液压缸处于低压状态进行工作。

精轧区自动化的对象和内容如下。

（1）精轧区各设备的设定。飞剪机入口侧导板开口度和飞剪剪切方式的设定；高压水除鳞箱和机架间喷水制度的设定；精轧机组各机架入口导板开口度的设定；各机架轧制压力的计算和压下位置的设定；精轧机组最末机架穿带速度、加速度及稳定轧制阶段轧制速度的设定；活套支持器的平衡力、高度和张力的设定；测厚仪、测宽仪、凸度仪和平直度仪的设定，工作辊弯辊力、工作辊轴向移动量的设定等。

（2）精轧时的厚度自动控制。厚度自动控制方式的选择；各种厚度自动控制系统中的工艺参数（轧制压力、辊缝值、轧机刚性系数、油膜厚度、速度、张力等）的计算和设定。

（3）精轧时的温度自动控制。

（4）穿带时的自适应控制。

2.2.5 层流冷却和卷取区的自动化过程

带钢进入 F1 后，计算机进行卷取机设定计算，算出卷取区控制所需要的基准值。

带钢头部离开精轧机组末架开始到头部卷入卷取机为止，计算机控制热运行辊道（hot run table）的速度比精轧机组末架速度高（即超前），使辊道给带钢一个向前的拉力，防止头部起皱。带头咬入卷取机后，辊道与精轧机组速度同步。带尾离开精轧机减速机架时，计算机控制辊道的速度，使之比精轧机的抛钢速度慢，使辊道给带钢一个向后的拉力，以防止带钢尾部起皱。

带钢在精轧机组出口侧辊道上运行时，计算机通过预先设定及动态调节层流冷却装置的冷却水段的数目和喷水方式来控制带钢的卷取温度。

卷取完了的钢卷被卸卷小车放置在运输链上，向下工序运输，计算机判断操作人员对该钢卷是否发出"钢卷检查请求"，如有，则把钢卷送到检查线上，检查结果通过人机接口设备输入计算机，以便打印报表。

钢卷称重完了后，称重机把钢卷实测重量传给计算机，计算机对称重结果进行检查，判断重量是否合理，并产生报警信息。如果称重正常，计算机就设定"称重完成标志"，并向打印机输出打印命令，打印报表。

至此，过程计算机对轧件的控制结束，钢卷在钢卷库、成品库的控制与管理交由生产控制计算机完成。

层流冷却和卷取区的自动化对象和内容如下。

（1）各设备的设定。输出辊道的超前率、滞后率、减速率和减速开始点的设定；卷取机的侧导板、夹送辊和助卷辊开口度的设定；夹送辊、助卷辊和卷筒的超前率的设定；卷筒的张力转矩、弯曲转矩和加速转矩的设定；卸卷小车提升量等的设定。

（2）卷取温度的自动控制。

（3）侧喷水和输出辊道上冷却水的控制。

2.2.6 轧线非正常情况处理

在轧线生产过程中，往往由于设备自身原因或人为操作失误等其他原因，使得某一设备或某一区域设备处于非正常状态，如不立即采取措施，有可能造成设备损坏，甚至危及人身安全。因此，对轧线出现的非正常情况采取有效的措施是必需的。轧线堆钢如图 2-4 所示。

为了应对生产过程中出现的意外情况，一般采取的措施是从基础自动化控制系统的硬件设计和软件设计上采取双重保护措施。硬件设计的保护措施是在操作台上设置急停或锁定开关，它们产生的信号直接传送到受控设备，同时也送到基础自动化控制系统中。对于正在运行的设备，一旦接到急停信号，它们将立即无条件停车；而且，控制系统也将会把输出到这些设备的给定复位至零，此时，这两个动作是同时进行的。对于粗轧机组和精轧机组，如果有急停发生且机组中含有轧件，除停掉传动装置外，还应利用电动或液压装置将轧机的辊缝摆放至安全位置。至于进

图片：轧
线堆钢示
意图

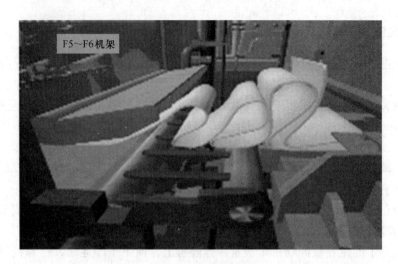

图 2-4　轧线堆钢示意图

行了锁定操作的设备，其保护过程与急停略有不同，对于正在运行的设备，先是控
制系统将其运行到零位，然后再把输出到这些设备的给定复位至零，如果运行设备
为传动系统，还需切掉其主接触器；对于未运行的设备则不允许启动工作。

软件设计的保护措施是根据受控设备的自身情况，在用户控制程序中，对各种
运行参数设置大小极限值，一旦给定或反馈值达到甚至超过极限值时，基础自动化
控制系统必须马上采取措施，以防止事态进一步扩大，同时，还应给出声响报警，
给操作人员以警示。

由于整个生产线为结合紧密的连续生产，但从操作室的设置上又分为炉区、粗
轧区、精轧与层流区、卷取区与运输链区，所以，当某一区域采取上述保护措施，
其他区域设备也应作相应处理，具体原则为：其他区域设备正常运行，禁止此区域
上游的轧件继续送往该区，禁止加热炉继续出钢，此区域下游的设备可完成当前的
轧制工作。为了防止已经存放在粗轧区辊道上的中间坯产生水印，同时避免损伤辊
道，此中间坯应在辊道上慢速往返摆动，摆动的距离一般可取 2~3m，摆动速度约
取 0.6m/s。各区域急停时情况的处理见表 2-1。

表 2-1　区域急停时情况处理表

区　域	粗轧区	粗轧出口	精轧入口	精轧区	输出辊道及卷取区
粗轧区急停	√	×	×	×	×
粗轧出口急停	×	√	×	×	×
精轧入口急停	延迟	中间坯摆动	√	×	×
精轧区急停	×	延迟	√	√	×
输出辊道及卷取区急停	×	×	中间坯摆动	√	√

注：√表示本区域急停发生；×表示本区域不受其他区域急停影响。

各区域的急停不影响液压、润滑系统的运行（站内自身急停除外）。

在炉区至卷取区的操作台上设有急停和锁定操作按钮或开关，以便操作人员根

据生产情况进行人工操作。当然，基础自动化控制系统的控制程序也会根据轧线的轧件跟踪自动实施急停和锁定。

在实际生产过程中，操作人员可根据轧线的生产状况掌握生产节奏，既要缩小生产间隔，加快生产节奏，提高产量，又要避免前后两块轧件头尾相撞，进而影响生产。例如，前面提到某一区域急停或本区域不具备后续轧件进入条件时，轧件必须进入 E-HOLD 状态，即在原地摆动或延迟状态——降低前进速度，假设轧件在延迟状态下头部接近此区域时，此区域急停仍未解除，或仍不具备后续轧件进入条件，轧件将由延迟状态转入 E-HOLD 状态。操作人员可根据轧线情况通过操作台上的复位按钮对上述状态进行复位，如果轧件温度允许，当前轧件的轧制应当继续进行。

2.3 控制系统的类型

课件：控
制系统的
类型

微课：控
制系统的
类型

控制系统分类的方法很多，按照变量的控制和信息传递方式不同，可以分为开式控制、闭式控制、半闭式控制、复式控制。

2.3.1 开式控制

开式控制，这种控制方式的原理是，信号由给定值至被控制量单向传递，故也常称开环控制。开环控制系统的精度便取决于该系统初始校准的精度及系统各部件的精度。

这种控制较简单，但有较大的缺陷。当控制装置受到干扰或被控对象受到干扰时，会直接波及被控量，而无法得到补偿。系统的稳态性能指标和动态性能指标得不到保证，因此只在要求不高的场合使用。开式控制系统原理框图，如图 2-5 所示。

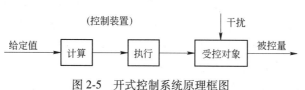

图 2-5 开式控制系统原理框图

2.3.2 闭式控制

闭式控制，这种控制方式的原理是，测量的是被控制量。无论是由干扰造成的，还是由控制装置的结构参数的变化引起的，只要被控对象的被控量出现偏差，系统就会自行纠偏，故也常称这种控制为闭环控制或按偏差调节的反馈控制系统。

由于从检测得到的信号，反馈到输入端与给定量进行比较，得到的偏差量，并不是对被检测点处的部位进行控制，而是对后续部位进行控制，所以反馈控制是有滞后作用的。但是由于原料条件不能骤然突变，所以控制信号对后续部位也是同样有参考作用的，故反馈广泛地用于自动控制系统之中。闭式控制系统原理框图，如图 2-6 所示。

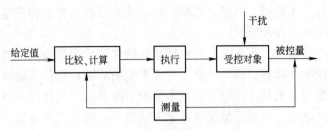

图 2-6   闭式控制系统原理框图

2.3.3   半闭式控制

半闭式控制，这种控制方式的原理是，测量的是破坏系统正常运行的干扰，利用干扰信号产生的控制作用，来补偿干扰给控制量带来的影响，故也常称这种控制为按干扰补偿的控制系统。这种控制是以系统的干扰可测为条件，故只能对可测干扰进行补偿。不可测干扰及控制装置的结构参数的变化给被控量带来的影响，系统将无法补偿。因此，系统的稳态性能指标和动态性能指标仍然无法保证，应用受到限制。半闭式控制系统原理框图，如图 2-7 所示。

图 2-7   半闭式控制系统原理框图

2.3.4   复式控制

综合闭式控制系统和半闭式控制系统，比较合理的做法是把这两种控制结合起来。对于干扰，采用适当的控制装置进行按干扰补偿；另外用闭环负反馈进行按偏差调节，以消除其他各种干扰及控制装置的结构参数的变化给被控量带来的影响。这样做，由于主要干扰已被补偿或近似补偿，系统受到的干扰大大减轻，所以按偏差调节的部分就比较容易设计。系统主要的稳态性能指标和动态性能指标得到保证，可以达到更好的控制效果，这种控制在工程上获得广泛使用。复式控制系统原理框图，如图 2-8 所示。

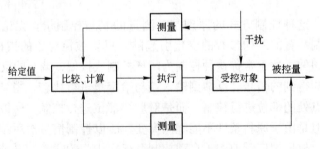

图 2-8   复式控制系统原理框图

2.4 数学模型及其自学习

课件：数学模型及其自学习

微课：数学模型及其自学习

2.4.1 数学模型

数学模型是用数学语言描述的一类模型。数学模型可以是一个或一组代数方程、微分方程、差分方程、积分方程或统计学方程，或是它们的某种适当的组合，也可以是曲线、图表等。数学模型描述的是系统（或对象）的行为和特征，而不是系统的实际结构。一个数学模型反映了对象某一方面的特性。

轧钢生产过程中数学模型按用途的不同，分为工艺类数学模型和控制类数学模型。建立工艺类数学模型，需要运用工艺理论知识，如轧制原理、轧钢工艺学，这类模型一般用于过程控制级计算机进行最优设定值计算。控制类数学模型一般用于基础自动化级计算机对执行机构最优控制计算。控制模型主要是根据自动控制理论和对控制系统的性能要求，并结合对象具体特性设计出来的。

数学模型在计算机中一般以数学公式（转换成的程序）或表格形式出现。对数学模型的主要要求是结构简单，预报准确，以缩短计算机运算时间，并得到精确的结果，但这二者往往是互相制约的。建立数学模型的方法很多，过程也不同，多采用理论和经验相结合的方法。但一些复杂对象建模较难，甚至在目前的数学理论中还没有相应的公式能表示其特性，因此应通过其他方法（如神经网络理论、模糊控制理论）来建立模型。

2.4.2 模型系数自学习

单纯依靠设定模型本身来实现计算机控制，其预报精度是有限的。影响模型精度的主要因素如下。

（1）数学模型自身有误差。数学模型是对生产工艺过程的一种近似描述，必然存在模型自身误差。因为数学模型表达式本身受限制，不能太复杂；函数中的"因""果"关系只能取其主导变量，忽略某些次要变量。而实际生产过程中的"因""果"关系则远比模型中所表达的要多、要复杂。但模型本身却不能太复杂，实际运行的自动控制系统已证明了这一点，过于复杂的数学模型并不能获得预期效果，相反采用简单的模型再加上适当的自适应自学习控制就能获得预期的控制效果。

（2）生产过程工况的不断变化。轧制过程中轧制设备的工况及轧件的工况都在不断变化，例如轧辊的直径、轧件的温度等参数。以辊径而言，它会因轧制中的磨损而变小，也会因为轧制中所产生的热量而膨胀变大。由于这类变化是缓慢进行的，因此必须采用自适应自学习控制手段，使模型中的某些因子随时随地跟上实际生产过程的变化，提高模型的预报精度。

（3）测量设备的误差。数学模型是反映生产过程中某个物理现象中"因""果"关系的表达式，而这些"因""果"都是通过仪器设备测取的，由于测量设备存在误差，测量值也必然存在误差，因此测量值只能是真实值的近似反映。这种误差受各种偶然因素的影响，应该把它视为随机变量，每个随机变量都有各自的统计规律，可以认为这些随机变量都服从各自的正态分布。

由于数据处理中都要用到实际测量值，因此测量设备的精度对提高模型预报精度起着决定性的作用。任何一个自动控制系统，测量设备是一切信息来源的最主要途径。因此，测量设备犹如人的眼睛，一旦测量设备（"眼睛"）精度下降，必然导致自动控制系统性能的下降，由此可见高精度测量设备对自动控制系统来讲是最重要的。

根据系统状态的变化，不断利用实时信息进行模型参数的修正，以保证模型的精度，这种功能称为自学习功能。

数学模型一般可用式（2-1）和式（2-2）表示：

$$y = f(x_1, x_2, \cdots, x_m) + B \tag{2-1}$$

$$y = Bf(x_1, x_2, \cdots, x_m) \tag{2-2}$$

系统状态的变化用系数 B 来反映，即系统的状态产生变化时，可对模型中系数 B 作相应的修正计算以适应系统特性的变化。为此，可应用与当前临近的实测数据，根据式(2-1)或式(2-2)反算出 B，此值即表示临近时刻的系统状态。如果用来求 B 的临近数据没有测量误差，则将此新求得的 B 值用于下块钢的预报，由于采用了接近实际环境的 B 值而使模型更符合实际环境条件，提高了模型预报精度。但考虑到临近的实测数据必然存在测量误差，如果取另一极端，即测量误差非常大；甚至完全测错了，则很明显就不应该用此临近实测数据去修正 B 值，否则必然会降低模型预报精度。一般情况是，临近实测数据有测量误差，但不太大，因此可用临近实测数据反推算出的 B 值的部分信息来校正模型。

其具体方法见下列指数平滑递推公式：

$$B_{N+1} = B_N + a(B_N^* - B_N) \tag{2-3}$$

式中　B_N——第 N 次设定用的 B 的预报值；

　　　B_N^*——第 N 次设定后 B 的实测值；

　　　B_{N+1}——将用于第 $N+1$ 次设定的 B 参数的预报值；

　　　a——增益系数，$0 \leqslant a \leqslant 1$。

式（2-3）的意义是，在进行第 N 次设定时，用第 $N-1$ 次的实测数据 B_{N-1}^* 及原先对 B 的估计 B_{N-1}，按式（2-3）算出 B_N，用此预报的 B_N 值来进行第 N 次的设定，在进行第 N 次设定后，当轧件进入精轧机组后，即可获得第 N 次的实测数据值 B_N^*。B_N^* 与 B_N 的差别，表示了模型存在的误差——系统状态的变化。考虑到 B_N^* 实际上是反映系统特性的即时状态，为提高模型精度，可以利用获得的新信息的部分值对 B_N 进行修正，得到用于 $N+1$ 根钢 B 参数的预报值 B_{N+1}。由于所得到的第 N 次实测值 B_N^* 反映了当时的系统状态，这样每进行一次学习计算，可使模型不断适应系统的状态变化情况，从而使模型精度不断提高。由于 B_N 中包括（$B_{N-1}^*-B_{N-1}$）的信息，而 B_{N-1} 又包括了（$B_{N-2}^*-B_{N-2}$）的信息，因此可以说，B_{N+1} 中包括（$B_N^*-B_N$）、（$B_{N-1}^*-B_{N-1}$）、$\cdots$、（$B_0^*-B_0$）的所有信息，但由于 $a<1$，所以越是远离当前的信息，其系数越小，即利用得越少。

a 值反映了对信息的利用程度，当 $a=1$ 时，则由式（2-3）得 $B_{N+1}=B_N^*$，即完全信赖第 N 次获得的实测信息 B_N^*，用它作为第 $N+1$ 根钢的预报。这只有在仪表绝对可靠并没有误差的情况下才成为可能，而实际上是不可能的，如 $a=0$，则 $B_{N+1}=B_N$，即表示第 N 次实测值完全不可靠，因此把第 N 次的预报值 B_N 仍作为第 $N+1$ 根钢的预报值 B_{N+1}，不利用所获得的第 N 次信息，比较合理的办法应是根据每次实测数据的状况来决定 a 值的大小（即 a 值每次是变化的）。

一般说，当 a 取大值（对 $B_N^*-B_N$ 信息利用度加大）时，可以加快学习纠正，但同时又容易引起学习的振荡，而当 a 值取小值时，则学习过程放慢，但比较稳定，如图 2-9 所示。

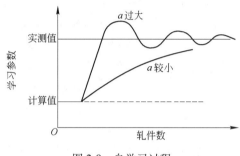

图 2-9　自学习过程

实际生产中，出现的情况是当换规格等情况发生时，希望自学习功能很快起作用，并且希望快速学习，以克服环境的变动，而当轧过四五根钢后，设定精度由于学习而已经较高时，则希望加以稳定，而不希望由于出现不好的实测数据反而影响精度，因此在自学习功能中应该：

（1）严格控制条件，在数据不太可靠时，宁愿这一块钢不学习；

（2）换规格时，a 值适当加大（取 $a=0.4\sim0.5$），以加快修正过程，一旦当设定精度已达到某一范围内时，应适当减少 a 值（取 $a=0.1\sim0.2$），以求得学习的稳定；

（3）利用数据统计的可信度计算，判别本次实测数据的可靠程度，不可靠时，取 $a=0$（不学习），可靠性高时，取 $a=0.35$ 或 $a=0.4$，而可靠性不是很高时，可取 $a=0.1$ 或 $a=0.2$。

自学习功能中，另一个难题是，换规格后第一块钢是利用前一块非同规格钢的信息来学习，还是利用上一次轧同一规格但非紧挨着的前一块钢的信息来学习。紧挨着的前一块钢的信息含有当时环境的信息，而上一次轧的同一规格钢又含有模型对此规格所存在的误差的信息，因此比较合理的办法是应将这两种信息加权平均后利用。

2.5　智能化轧制技术

从目前国内外发表的文献来看，智能控制在板带轧制生产中应用最多的有神经网络（ANN，Artificial Neural Network）、专家系统（ES，Expert System）、模糊逻辑与模糊控制（FL/FC，Fuzzy Logic/Fuzzy Control）、遗传算法（GA，Genetic Algorithm）等。

神经网络是一种通过模拟人脑组织结构和人类认知过程的信息处理系统，神经网络控制可根据不完整的信息联想出完整的信息，具有自适应、自组织、自学习的能力。

专家系统通过建立知识库将专门领域若干个人类专家的知识和思考、解决问题的方法以适当的方式储存起来，使计算机能在推理机的控制下模仿人类专家去解决问题，在一定范围内具有专家助手的作用。专家系统在热连轧中应用最典型的实例就是轧制规程表。

模糊控制是建立在人类思维具有模糊逻辑特征的基础上的，其核心是模仿人类的模糊思维方式和认知过程，运用具有模糊性的条件语句描述受控对象并形成控制规则，主要针对能以规则或数学表达式存储专门知识的多变量交互式领域。例如，一个非常熟练的操作人员能凭借自己丰富的实践经验，通过对现场的各种现象的判断而取得较满意的控制效果。模糊控制理论就是把操作人员丰富的实践经验加以总结，将凭经验所采取的措施转变成相应的控制规则，并且研制一个模糊控制器来代替这些规则，从而对复杂的工业过程实现控制。

模糊系统与通常的专家系统的不同之处在于，模糊系统是把专家知识先转换成数学形式，然后加以应用，而通常的专家系统是将专家知识用计算机语言表述。即模糊系统把符号（自然语言表达的知识）转换成数学函数，而专家系统把一种符号转换成另一种符号。

遗传算法是基于自然选择和遗传机制，在计算机上模拟生物进化机制的寻优搜索算法，广泛用于组合优化问题求解。

传统的轧制理论曾经在轧制技术的发展中起到了积极的作用，帮助人们加深了对轧制过程的认识，解决了主要轧制过程参数（如宽展、前滑、轧制力等）的近似计算，但是它所能达到的精度已经远远不能满足现代轧钢生产技术发展的需要，人们已经越来越不能容忍平面变形假设与平断面假设所带来的误差和缺憾。即使对传统上认为最接近平面变形条件的板带轧制过程，也因为遇到边部减薄、平直度与凸度控制等具体问题而放弃平面变形假设，转而求助于三维变形理论。有限元法（FEM，Finite Element Method）的出现提供了一种对轧制过程进行三维分析的有力工具，适应了轧钢生产中对高精度数学模型的需要。

有限元法具有能够化繁为简、以量克难的长处，在多个微小的单元里，采用最简单的线性关系，组合起来去逼近任何复杂的曲线。轧制理论中遗留下来的一些困难问题，利用有限元法得到了解决。但有限元法的缺点是计算量太大，目前还不能在线应用。

从20世纪90年代开始，人工智能（AI，Artificial Intelligence）的应用为轧制理论的发展揭开了新的篇章。人工智能从新的视角去处理轧制过程中遇到的实际问题，引发了轧制过程研究观念上的一场革命。

在热轧带钢生产中采用人工智能技术始于20世纪90年代，首先是在日本，然后是德国，接着在全世界掀起了一个在轧制过程中应用人工智能的高潮。人工智能在轧制领域一出现就是与应用密切联系在一起的。短短几年间，它已经成功地应用于从板坯库管理到加热、轧制、精整、成品库整条生产线的各个环节，完成管理、参数预报、过程优化、监控等多方面的工作。这正是人工智能近年来颇受轧制工作者青睐的原因。

人工智能与传统方法不同，它避开了过去那种对轧制过程深层规律的无止境的探求，转而模拟人脑来处理那些实实在在发生了的事情。它不是从基本原理出发，而是以事实和数据作为根据，来实现对过程的优化控制。

以轧制力为例，在传统方法中，首先需要基于假设和平衡方程推导轧制力公式，研究变形抗力、摩擦条件、外端等因素的影响，精度不能满足要求时加入经验系数进行修正。而利用人工神经网络进行轧制力预报，所依据的是在线采集到的大量轧制力数据和当时各种参数的实际值。为了排除偶然性因素，所用的数据必须是大量的，足以反映出统计性规律。而现场生产中每轧一根轧件，都是一次绝好的实验，当前再好的实验室，也不会有现场生产那样真实可信，不会像现场生产那样千百万次地重复。

利用这些大量的数据通过一种称为"训练"的过程告诉计算机，在什么条件下、什么钢种（C、Mn 及各种元素含量多少）、温度多高、压下量多大、在第几机架实测到的轧制力是多大。经过千百万次的训练，计算机便"记住"了这种因果关系。当你再次给出相似范围内的具体条件，向它问询轧制力将是多少时，凭借类比记忆功能，计算机就会很容易地给你一个答案。这个答案是可信的，因为它基于事实，是过去千百万次实实在在发生了的真实情况。

这样，不必再去担心哪一条基本假设脱离实际，也不必怀疑哪一步简化处理过于粗糙，只要相信传感器，相信过去发生的事件、采集到的数据是真实可靠的，就有理由相信预报的结果。

人工神经网络应用举例如下：

（1）基于 BP 网络的热带精轧机组轧制力预测（宝钢）；

（2）应用 ANN 进行 UC 轧机板形预测控制（Lab）；

（3）BP 网络预测热轧带钢组织性能（宝钢、BHP/NZ）；

（4）BP 网络预测热轧宽展（Lab）；

（5）利用 BP 神经网络预测精轧机组宽度变化（宝钢）；

（6）BP 神经网络预测热连轧卷取温度（宝钢、本钢）。

BP（Back Propagation）是目前应用最广泛的神经网络模型之一。

复习思考题

1. 填空题

1-1 轧线自动化控制系统通常有三种工作方式，即_____、_____和_____。

1-2 自动和半自动方式的区别在于各个基础自动化控制系统是接收过程机设定的数据还是接收来自操作室 HMI 设定的数据，前者称为_____，后者称为_____。

1-3　对于现代热连轧带钢生产线，通常在_____ 或_____工作方式下进行正常生产，_____一般用于设备的检验、维护。

1-4　对粗轧机组设定计算有两次，时间分别是_____和_____时，第二次比第一次精确。

1-5　热带 3/4 连续式 R3 与 R4 轧机之间的带钢采用_____。

1-6　为了避免切下的头部和尾部搭在带坯上，切头时飞剪的速度要_____ 带坯的速度，切尾时飞剪的速度应比带坯的速度_____。

1-7　计算机对飞剪的控制包括_____、_____及_____。

1-8　热带钢生产时飞剪剪切方式有三种：_____、_____和_____。

1-9　控制系统分类的方法很多，按照变量的控制和信息传递方式不同，可以分为_____、_____、_____、_____。

1-10　轧钢生产过程中数学模型按用途的不同，分为_____和_____。

1-11　影响模型精度的主要因素有_____、_____和_____。

1-12　指数平滑递推公式进行学习的公式表达式为_____。

2. 判断题

2-1　轧件跟踪在基础自动化、过程自动化及生产控制级中分别进行。　　　　（　　）

2-2　轧件跟踪是基础自动化的功能，只在一级中进行。　　　　　　　　　（　　）

2-3　轧件跟踪在基础自动化、过程自动化、生产控制级、生产管理级中分别进行。（　　）

2-4　当轧件在辊道上的实际位置与计算机所跟踪的位置不一致时，操作人员通过人机界面，通知跟踪修正功能修改轧件在计算机上的跟踪信息，使之与实际位置一致。　　（　　）

2-5　过程自动化设定模型的主要任务是对各执行机构的位置、速度进行设定以保证带钢头部的厚度、温度、板形质量，而质量控制功能则用于保证带钢全长的厚度、温度、板形等精度。　　　　　　　　　　　　　　　　　　　　　　　　　　　　　（　　）

2-6　过程自动化的中心任务是对生产线上各机组和各个设备进行设定计算。　（　　）

2-7　热连轧过程自动化控制的主要功能是精轧机组的厚度设定数学模型和板形设定数学模型，设定值计算后下送基础自动化，由设备控制功能执行。　　　　　　　　（　　）

2-8　热连轧带钢生产只有一级，即只有基础自动化级就可以组织生产。　　（　　）

2-9　热连轧带钢生产同时具有一级和二级计算机控制才可以组织生产。　　（　　）

2-10　热连轧带钢生产同时具有一级、二级、三级计算机控制才可以组织生产。（　　）

2-11　热连轧带钢生产同时具有一级、二级、三级、四级计算机控制才可以组织生产。
　　　　　　　　　　　　　　　　　　　　　　　　　　　　　　　　　（　　）

2-12　热连轧带钢在全手动条件下也可以进行正常生产。　　　　　　　　（　　）

2-13　对于现代热连轧带钢生产线，通常在自动或半自动工作方式下进行正常生产，手动方式一般用于设备的检验、维护。　　　　　　　　　　　　　　　　　　　（　　）

2-14　自动和半自动方式的区别在于各个基础自动化控制系统是接收过程机设定的数据还是接收来自操作室 HMI 设定的数据，前者称为自动方式，后者称为半自动方式。　（　　）

2-15　手动方式是指在某一范围内对某些设备进行人工操作，如运输链区域的个别设备可以在手动方式下进行操作。　　　　　　　　　　　　　　　　　　　　　　（　　）

2-16　模拟轧制控制程序并不是万能的，轧线上的某些控制功能无法模拟，如粗轧 AWC、HAGC、卷取 AJC 等。　　　　　　　　　　　　　　　　　　　　　　　（　　）

2-17　热带 3/4 连续式 R4 轧机采用交流同步机传动，速度不变，而 R3 轧机采用可变速电机传动。　　　　　　　　　　　　　　　　　　　　　　　　　　　　　（　　）

2-18　热带 3/4 连续式 R3 轧机采用交流同步机传动，速度不变，而 R4 轧机采用可变速电机传动。   （　　）

2-19 为了避免切下的头部和尾部搭在带坯上，切头时飞剪的速度要稍高于带坯的速度，切尾时飞剪的速度应比带坯的速度稍低一些。   （　　）

2-20 飞剪在剪切头尾时要保证剪切速度与带坯的速度同步，以防出现剪切事故。 （　　）

2-21 一般带坯要切头，便于精轧机和卷取机咬入，尾部一般不切。   （　　）

2-22 为了防止带钢表面划伤，热运行辊道的速度要与精轧机组速度时刻保持同步。（　　）

2-23 各区域的急停一般不影响液压、润滑系统的运行。   （　　）

2-24 闭式控制也常称为按干扰补偿的控制系统。   （　　）

2-25 闭式控制也常称为按偏差调节的反馈控制系统。   （　　）

2-26 开环控制系统的精度便取决于该系统初始校准的精度及系统各部件的精度。 （　　）

2-27 半闭式控制也常称为按干扰补偿的控制系统。   （　　）

2-28 半闭式控制也常称为按偏差调节的反馈控制系统。   （　　）

2-29 半闭式控制时不可测干扰及控制装置的结构参数的变化给被控量带来的影响，系统将无法补偿。   （　　）

2-30 数学模型描述的是系统（或对象）的行为和特征而不是系统的实际结构。一个数学模型反映了对象某一方面的特性。   （　　）

2-31 根据系统状态的变化，不断利用实时信息进行模型参数的修正，以保证模型的精度，这种功能称为自学习功能。   （　　）

2-32 根据系统状态的变化，不断利用实时信息进行模型参数的修正，以保证模型的精度，这种功能称为自适应功能。   （　　）

2-33 自学习时，当 a 取大值时，可以加快学习纠正，但同时又容易引起学习的振荡，而当 a 值取小值时，则学习过程放慢，但比较稳定。   （　　）

3. 单选题

3-1 传动级属于工业控制过程自动化系统分级的哪一级（　　）。
    A. L0　　　　　　B. L1　　　　　　C. L2　　　　　　D. L3

3-2 基础自动化级属于工业控制过程自动化系统分级的哪一级（　　）。
    A. L0　　　　　　B. L1　　　　　　C. L2　　　　　　D. L3

3-3 过程控制级属于工业控制过程自动化系统分级的哪一级（　　）。
    A. L0　　　　　　B. L1　　　　　　C. L2　　　　　　D. L3

3-4 生产控制级属于工业控制过程自动化系统分级的哪一级（　　）。
    A. L0　　　　　　B. L1　　　　　　C. L2　　　　　　D. L3

3-5 生产管理级属于工业控制过程自动化系统分级的哪一级（　　）。
    A. L1　　　　　　B. L2　　　　　　C. L3　　　　　　D. L4

3-6 MES 制造执行系统属于工业控制过程自动化系统分级的哪一级（　　）。
    A. L1　　　　　　B. L2　　　　　　C. L3　　　　　　D. L4

3-7 ERP 企业资源计划系统属于工业控制过程自动化系统分级的哪一级（　　）。
    A. L1　　　　　　B. L2　　　　　　C. L3　　　　　　D. L4

3-8 产销一体化系统属于工业控制过程自动化系统分级的哪一级（　　）。
    A. L1　　　　　　B. L2　　　　　　C. L3　　　　　　D. L4

3-9 轧件跟踪及运送控制控制功能属于（　　）。
    A. 基础自动化控制功能　　　　　B. 过程自动化控制功能
    C. 生产控制级功能　　　　　　　D. 生产管理级

3-10 顺序控制和逻辑控制控制功能属于（　　）。

　　　A. 基础自动化控制功能　　　　　　B. 过程自动化控制功能

　　　C. 生产控制级功能　　　　　　　　D. 生产管理级

3-11　设备控制控制功能属于（　　　）。

　　　A. 基础自动化控制功能　　　　　　B. 过程自动化控制功能

　　　C. 生产控制级功能　　　　　　　　D. 生产管理级

3-12　质量控制控制功能属于（　　　）。

　　　A. 基础自动化控制功能　　　　　　B. 过程自动化控制功能

　　　C. 生产控制级功能　　　　　　　　D. 生产管理级

3-13　AWC 控制功能属于（　　　）。

　　　A. 基础自动化控制功能　　　　　　B. 过程自动化控制功能

　　　C. 生产控制级功能　　　　　　　　D. 生产管理级

3-14　AGC 控制功能属于（　　　）。

　　　A. 基础自动化控制功能　　　　　　B. 过程自动化控制功能

　　　C. 生产控制级功能　　　　　　　　D. 生产管理级

3-15　终轧温度控制控制功能属于（　　　）。

　　　A. 基础自动化控制功能　　　　　　B. 过程自动化控制功能

　　　C. 生产控制级功能　　　　　　　　D. 生产管理级

3-16　卷取温度控制控制功能属于（　　　）。

　　　A. 基础自动化控制功能　　　　　　B. 过程自动化控制功能

　　　C. 生产控制级功能　　　　　　　　D. 生产管理级

3-17　板形控制控制功能属于（　　　）。

　　　A. 基础自动化控制功能　　　　　　B. 过程自动化控制功能

　　　C. 生产控制级功能　　　　　　　　D. 生产管理级

3-18　对生产线上各机组和各个设备进行设定计算功能属于（　　　）。

　　　A. 基础自动化控制功能　　　　　　B. 过程自动化控制功能

　　　C. 生产控制级功能　　　　　　　　D. 生产管理级

3-19　对粗轧、精轧机组负荷进行分配功能属于（　　　）。

　　　A. 基础自动化控制功能　　　　　　B. 过程自动化控制功能

　　　C. 生产控制级功能　　　　　　　　D. 生产管理级

3-20　数学模型自学习功能属于（　　　）。

　　　A. 基础自动化控制功能　　　　　　B. 过程自动化控制功能

　　　C. 生产控制级功能　　　　　　　　D. 生产管理级

3-21　对轧机辊缝的设定计算功能属于（　　　）。

　　　A. 基础自动化控制功能　　　　　　B. 过程自动化控制功能

　　　C. 生产控制级功能　　　　　　　　D. 生产管理级

3-22　轧机辊缝的定位属于（　　　）。

　　　A. 基础自动化控制功能　　　　　　B. 过程自动化控制功能

　　　C. 生产控制级功能　　　　　　　　D. 生产管理级

3-23　生产实绩的收集、处理和上传属于（　　　）。

　　　A. 基础自动化控制功能　　　　　　B. 过程自动化控制功能

　　　C. 生产控制级功能　　　　　　　　D. 生产管理级

3-24　对板坯库、钢卷库、成品库进行管理属于（　　　）。

　　　A. 基础自动化控制功能　　　　　　B. 过程自动化控制功能

C. 生产控制级功能 　　　　　　　　D. 生产管理级

3-25 热带生产线生产计划的调整发行属于（　　　）。

A. 基础自动化控制功能 　　　　B. 过程自动化控制功能

C. 生产控制级功能 　　　　　　　　D. 生产管理级

3-26 合同管理、各生产线的相互协调、组织成品出厂发货功能属于（　　　）。

A. 基础自动化控制功能 　　　　B. 过程自动化控制功能

C. 生产控制级功能 　　　　　　　　D. 生产管理级

3-27 针对某钢铁公司，属于公司一级的是（　　　）。

A. 基础自动化控制功能 　　　　B. 过程自动化控制功能

C. 生产控制级功能 　　　　　　　　D. 生产管理级

3-28 热带粗轧可逆轧机前的小立辊的使用情况是（　　　）。

A. 奇数道次使用 　　　　　　　　B. 偶数道次使用

C. 最后一道使用 　　　　　　　　D. 所有道次使用

3-29 热带 3/4 连续式双机连轧中哪一架轧机速度是可变的（　　　）。

A. R1 轧机 　　　B. R2 轧机 　　　C. R3 轧机 　　　D. R4 轧机

3-30 热带 3/4 连续式双机连轧中哪一架轧机速度是不变的（　　　）。

A. R1 轧机 　　　B. R2 轧机 　　　C. R3 轧机 　　　D. R4 轧机

3-31 中间辊道区飞剪切尾时的测速装置是（　　　）。

A. 测速辊 　　　B. 轧机 　　　　C. 除鳞箱 　　　　D. 热金属监测器

3-32 中间辊道区飞剪切头时的测速装置是（　　　）。

A. 测速辊 　　　B. 轧机 　　　　C. 除鳞箱 　　　　D. 热金属监测器

3-33 粗轧机组通常设定（　　　）。

A. 一次 　　　B. 两次 　　　C. 三次 　　　D. 四次

3-34 精轧机组通常设定（　　　）。

A. 一次 　　　B. 两次 　　　C. 三次 　　　D. 四次

3-35 控制系统较简单，信号由给定值至被控制量单向传递是（　　　）。

A. 开式控制 　　B. 闭式控制 　　C. 半闭式控制 　　D. 复式控制

3-36 无论是由干扰造成的，还是由控制装置的结构参数的变化引起的，只要被控对象的被控量出现偏差，系统就会自行纠偏，故也常称这种控制为（　　　）。

A. 开式控制 　　B. 闭式控制 　　C. 半闭式控制 　　D. 复式控制

3-37 按偏差调节的反馈控制系统是指（　　　）。

A. 开式控制 　　B. 闭式控制 　　C. 半闭式控制 　　D. 复式控制

3-38 按干扰补偿的控制系统是指（　　　）。

A. 开式控制 　　B. 闭式控制 　　C. 半闭式控制 　　D. 复式控制

3-39 对系统主要的稳态性能指标和动态性能指标控制效果最好的是（　　　）。

A. 开式控制 　　B. 闭式控制 　　C. 半闭式控制 　　D. 复式控制

3-40 对加热炉黑印控制效果较好的是（　　　）。

A. 开式控制 　　B. 闭式控制 　　C. 半闭式控制 　　D. 复式控制

3-41 换规格时指数平滑递推公式中增益系数 a 取值（　　　）。

A. 0 　　　　B. 0.1~0.2 　　　C. 0.4~0.5 　　　D. 1

4. 多选题

4-1　计算机第4级系统的名称可以是（　　）。

　　A. 生产控制级　　　　　　　　　B. 生产管理级

　　C. ERP 企业资源计划系统　　　　D. 产销一体化系统

4-2　计算机第4级系统的名称可以是（　　）。

　　A. MES 制造执行系统　　　　　　B. 生产管理级

　　C. ERP 企业资源计划系统　　　　D. 产销一体化系统

4-3　属于基础自动化控制功能的有（　　）。

　　A. 轧件跟踪及运送控制　　　　　B. 顺序控制和逻辑控制

　　C. 设备控制　　　　　　　　　　D. 质量控制

4-4　属于基础自动化控制功能的有（　　）。

　　A. 轧机辊缝的设定计算　　　　　B. 侧导板定位

　　C. 窜辊位置控制　　　　　　　　D. 推钢机行程控制

4-5　属于基础自动化控制功能的有（　　）。

　　A. 模型自学习　　　　　　　　　B. 侧导板定位

　　C. 厚度控制　　　　　　　　　　D. 顺序控制和逻辑控制

4-6　轧件跟踪在哪一级进行（　　）。

　　A. 基础自动化　　　　　　　　　B. 过程自动化

　　C. 生产控制级　　　　　　　　　D. 生产管理级

4-7　设备控制包括（　　）。

　　A. 位置控制　　　　　　　　　　B. 速度控制

　　C. 弯辊装置的恒压力控制　　　　D. 厚度控制

4-8　属于过程自动化控制功能的有（　　）。

　　A. 轧机辊缝的设定计算　　　　　B. 轧机速度的设定计算

　　C. 模型自学习　　　　　　　　　D. 生产计划制订

4-9　属于生产控制级功能的有（　　）。

　　A. 生产计划的调整和发行

　　B. 生产实绩的收集、处理和上传给生产管理级

　　C. 对板坯库、钢卷库、成品库进行管理

　　D. 产品质量控制

4-10　属于生产管理级功能的有（　　）。

　　A. 合同管理　　　　　　　　　　B. 各生产线的相互协调

　　C. 组织成品出厂发货　　　　　　D. 财务管理

4-11　针对某钢铁公司，属于分厂或车间一级的是（　　）。

　　A. 基础自动化控制功能　　　　　B. 过程自动化控制功能

　　C. 生产控制级功能　　　　　　　D. 生产管理级

4-12　热连轧带钢自动化控制系统通常有四种工作模式，以下哪种模式可以用于正常生产。

　　　　　　　　　　　　　　　　　　　　　　　　　　　　　（　　　）

　　A. 标定　　　　B. 自动　　　　　C. 半自动　　　　D. 手动

4-13　轧件游荡等待或来回摆动的辊道为（　　）。

　　A. R1 与 R2 轧机之间的辊道　　　B. R2 与 R3 轧机之间的辊道

　　C. 中间辊道　　　　　　　　　　D. 输出辊道

4-14　从粗轧机组出口到精轧机组入口的辊道称为（　　）。

    A. 延迟辊道   B. 热运行辊道   C. E 辊道   D. G 辊道

4-15 中间辊道区飞剪的切尾情况属于（   ）。

    A. 尾部都切   B. 部分规格切尾

    C. 宽厚比较大的切尾   D. 宽厚比较小的切尾

4-16 从精轧机组出口到卷取机组入口的辊道称为（   ）。

    A. 延迟辊道   B. 热运行辊道

    C. E 辊道   D. G 辊道

4-17 控制系统分类的方法很多，按照变量的控制和信息传递方式不同，可以有以下哪几种（   ）。

    A. 开式控制   B. 闭式控制   C. 半闭式控制   D. 复式控制

4-18 系统的稳态性能指标和动态性能指标得不到保证的是（   ）。

    A. 开式控制   B. 闭式控制   C. 半闭式控制   D. 复式控制

4-19 系统的稳态性能指标和动态性能指标能够得到保证的是（   ）。

    A. 开式控制   B. 闭式控制   C. 半闭式控制   D. 复式控制

4-20 具有反馈控制环节的控制有（   ）。

    A. 开式控制   B. 闭式控制   C. 半闭式控制   D. 复式控制

4-21 数学模型可以是（   ）。

    A. 代数方程   B. 微分方程   C. 差分方程   D. 曲线、图表

4-22 数学模型可以是（   ）。

    A. 数学公式   B. 表格   C. 曲线   D. 图表

4-23 智能控制在板带轧制生产中应用最多的有（   ）。

    A. 专家系统   B. 神经网络

    C. 模糊逻辑与模糊控制   D. 遗传算法

5. 名词解释题

5-1 半自动设定。

5-2 模拟轧制。

5-3 板坯确认或板坯识别。

5-4 延迟辊道。

5-5 压下补偿。

5-6 穿带自适应。

5-7 热运行辊道。

5-8 数学模型。

5-9 自学习。

6. 简答题

6-1 叙述热连轧带钢生产计算机控制有哪四级？

6-2 基础自动化控制功能按性质有哪些？

6-3 轧件跟踪在计算机 1、2、3 级各起什么作用？

6-4 轧件运送控制的基本任务是什么？

6-5 过程自动化的中心任务是什么？

6-6 轧线自动化控制系统通常有哪三种工作方式？

6-7 模拟轧制的目的是什么？

3 控制台操作

热连轧带钢正常生产或检修时，操作人员在操作台上通过操作控制计算机、电气按钮或操作手柄来达到和完成设备的正常运转，并保证带钢的尺寸、性能等质量指标符合客户的要求。本章所述操作内容以某1700mm热带钢厂为例，讲述粗轧、精轧、卷取的操作控制。

3.1 某1700mm热带钢厂

3.1.1 生产规模及产品方案

生产规模：年产热轧钢卷250万吨，其中供冷轧钢卷160万吨，热轧商品卷90万吨。

产品品种：碳素结构钢，优质碳素结构钢，低合金结构钢，高耐候结构钢，管线钢等。

产品规格：带钢厚度1.2~12.7mm（其中供冷轧的带钢厚度1.5(1.2)~5.0mm），带钢宽度900~1550mm，钢卷内径762mm，钢卷最大外径2000mm，最大卷重27.8t，最大单位宽度卷重18kg/mm。

连铸板坯规格：厚度135mm、150mm，宽度900~1550mm，长度12900~15600mm。

3.1.2 产品大纲

按厚度、宽度分配的产品大纲见表3-1。

表3-1 按厚度、宽度分配的产品大纲

厚度/mm	宽度/mm						产量	比例/%
	900~1000 (950)	1001~1100 (1050)	1101~1200 (1150)	1201~1300 (1250)	1301~1400 (1350)	1401~1550 (1500)		
1.2~1.5	5000t	7000t	—	—	—	—	12000t	0.5
1.6~2.0	50000t	110000t	40000t	—	—	—	200000t	8.0
2.1~2.5	40000t	120000t	152500t	110000t	—	—	422500t	16.9
2.6~3.0	80000t	270000t	280000t	365000t	14500t	5000t	1014500t	40.6
3.1~4.0	30000t	80000t	100000t	120000t	80000t	40000t	450000t	18.0
4.1~6.0	10000t	30000t	50000t	50000t	40000t	30000t	210000t	8.4
6.1~9.0	—	13000t	32000t	33000t	32000t	18000t	128000t	5.1
9.1~12.7	—	—	18000t	25000t	12000t	8000t	63000t	2.5
产量	215000t	630000t	672500t	703000t	178500t	101000t	2500000t	—
比例/%	8.60	25.20	26.90	28.12	7.14	4.04	—	100

3.1.3 生产工艺流程

连铸板坯→两座步进式加热炉→高压水除鳞箱→四辊万能粗轧机 1 架→保温罩→飞剪切头尾→高压水除鳞箱→6 架精轧机→层流冷却→卷取机→打捆、称重、手工喷印→运输链等设备。某 1700mm 热带钢厂工艺流程如图 3-1 所示。

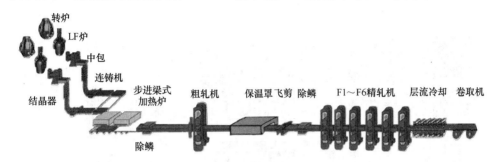

图片：某 1700mm 热带钢厂 工艺流程图

图 3-1 某 1700mm 热带钢厂工艺流程图

3.1.4 工艺装备特点

工艺装备特点如下：

（1）采用中薄板坯连铸连轧工艺，生产线具有常规热轧生产线和薄板坯短流程生产线双重优点；

（2）连铸车间和连轧生产线为近距离布置，不设板坯库，实现直接热装炉，投资少，能耗低；

（3）采用长行程装钢机工艺，使加热炉不仅具有常规加热板坯功能，还具有连铸生产和轧制节奏不协调的缓冲作用，当轧机短时间临时停机，可以存放 5 块宽 1300mm 的缓冲板坯，而不影响连铸生产；

（4）两座步进式加热炉均设汽化冷却装置，以提高加热质量，节能、节水，并向车间管网补供蒸汽；

（5）采用了液压 AGC、弯辊装置，使带钢获得良好的板形和厚度精度；

（6）精轧机 F2~F6 采用工作辊窜辊装置，延长轧辊寿命，减少换辊周期，同时可实现自由程序轧制；

（7）带钢层流冷却采用多段粗、精调阀组，并设置在线高位水箱，使各冷却段水量和水压稳定，带钢纵向温度均匀；

（8）带踏步或跳跃控制的全液压卷取机；

（9）粗、精轧机主传动全部采用交流同步机，全数字化控制；

（10）采用两级计算机控制系统。

3.2 粗轧仿真实训系统操作

3.2.1 粗轧主画面

粗轧主画面，如图 3-2 所示。

图片：粗
轧主画面

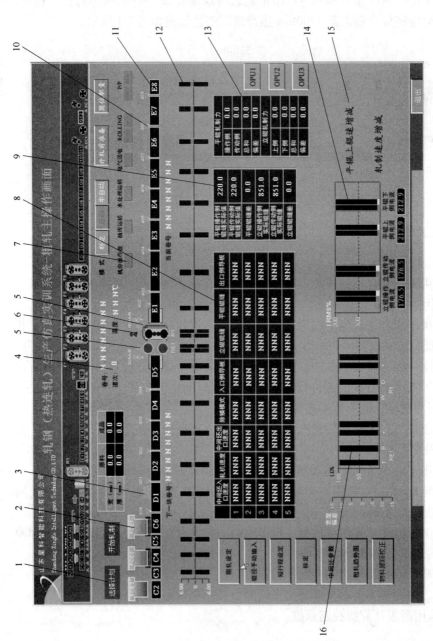

图 3-2 粗轧主画面

1—选择计划按钮，计划选择成功后变为计划查询按钮；2—加热炉；3—高压水除鳞炉；4—总轧制道次数；5—高压水除鳞指示；6—轧机冷却水指示；
7—设备运转状态显示；8—显示本制时的设定信息，当轧制到某道次时，该道次的信息以黄色显示；9—辊缝实际值；10—热金属检测器 HMD；11—一辊道；
12—二辊道、轧机的柱形速度图；13—轧制力实际值；14—电流信息；15—平辊上辊速增减轧制速度增减百分比；
16—实际轧制力占满量程的百分比柱形图

轧制的操作模式，分为标定、自动、半自动三种模式。自动和半自动方式的区别在于各个基础自动化控制系统（1级）是接收过程机（2级）设定的数据还是接收来自操作室 HMI 设定的数据，前者称为自动方式，后者称为半自动方式。在自动运转过程中，出现非正常情况，人工可随时介入操作。当2级计算机出现故障或2级计算机与1级计算机通信出现故障时，可以采用半自动方式，此时设备运转所需数据由操作人员设定，取代2级计算机的设定数据。在本块带钢的数据部分来自2级计算机，部分来自操作员的设定，该设定必须在本块带钢第一道次咬钢之前完成。如果修改的数值较多，无法在很短的时间内全部设定完成，可以采用 摆动 键功能，使坯料在辊道上摆动，待设定结束后解除该功能。

在仿真实训系统里面，选择自动模式则按照设定的信息进行自动轧钢，如果选择多块板坯，则在轧完一块后，自动轧制下一块钢，至计划中选择的板坯全部轧制完成；选择半自动模式，在板坯进入轧机之前可以对设定的轧制信息做微调，如果选择多块板坯则在轧制完一块板坯后，手动点击 开始轧制 ，进行下一块板坯的轧制。

当辊道上有板坯时，相对应的辊道变为红色；机前、机后高压水除鳞喷嘴、高压水除鳞箱工作时喷嘴指示变为红色；四辊轧机工作时轧机变为红色；热金属检测器 HMD 检测到有板坯时相对应的 HMD 变为红色。

如果机旁操作盘正常，油库运转，水处理运转，电气送电，RE1/R1 处于"轧制 ROLLING"状态，RE1/R1 处于操作台操作"P/P"状态而非机旁状态，则相应部分指示灯变绿。

3.2.2　计划选择画面

在粗轧主画面点击 选择计划 按钮，弹出计划选择窗口，进行计划的选择。计划选择画面，如图 3-3 所示。

卷号	计划号	坯号	原料规格（长×宽×厚）	中间坯规格（宽×厚）	成品规格
☐CZKH01	KH	1	13500×1050×135	1050×32	1050>
☐CZKH02	KH	2	13500×1050×135	1050×32	1050>
☐CZKH03	KH	3	13500×1250×135	1250×32	1250>
☐CZKH04	KH	4	13500×1050×135	1050×32	1050>
☐CZKH05	KH	5	13500×1050×135	1050×32	1050>
☐CZKH06	KH	6	13500×1050×135	1050×32	1050>
☐CZKH07	KH	7	13500×1050×135	1050×32	1050>
☐CZKH08	KH	8	13500×1050×135	1050×32	1050>
☐CZKH09	KH	9	13500×1050×135	1050×32	1050>
☐CZKH10	KH	10	13500×1050×135	1050×32	1050>

考核　　练习　　普通　　确定　　退出

图片：计划选择画面

图 3-3　计划选择画面

（1）在仿真实训系统里面计划选择分为考核计划、练习计划、普通计划。考核计划卷号前面带有"CZKH"标志；练习计划卷号前面带有"CZLX"标志；普通计划卷号前面不带有任何标志。点击相应按钮可以选择不同类型的计划。

图片：轧制规程 ID

（2）点击计划列表中每行最左端的方框可以选择一个卷号或取消该卷号的选择。

（3）双击相应行"轧制规程 ID"或单击下拉列表，会弹出规程选择列表，如图 3-4 所示，可以选择该卷的轧制规程号。如果选择的轧制规程号不正确，则会提示轧制规程选择不正确。

（4）选择完计划后点按 确定 按钮完成计划选择。如果没有成功选择计划会弹出提示窗口。

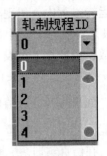

图 3-4　轧制规程 ID

3.2.3　开轧前准备画面

在粗轧主画面点击 开轧前准备 按钮，弹出开轧前准备画面，如图 3-5 所示，进行开轧前准备。开轧之前需做以下准备工作。

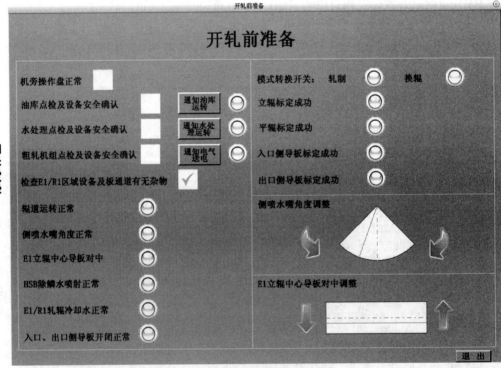

图片：开轧前准备画面

图 3-5　开轧前准备画面

（1）确认机旁操作盘正常。

（2）设备运转前油库点检及设备运转前安全确认。

（3）设备运转前水处理点检及设备运转前安全确认。

（4）设备运转前粗轧机组点检及设备运转前安全确认。

（5）检查 E1/R1 区域设备及板通道有无杂物。如果前四项得到确认，且 E1/R1 区域设备及板通道无杂物，在仿真实训系统里面，打开开轧前准备画面，在"机旁操作盘正常""油库点检及设备安全确认""水处理点检及设备安全确认""粗轧机组点检及设备安全确认"右侧的方框里面点选"√"，"检查 E1/R1 区域设备及板通道有无杂物"右侧的方框里面点击去掉"√"，同时点击按钮 通知油库运转 、通知水处理运转 、通知电气送电 ，三按钮右侧绿灯亮起，同时在粗轧主画面中"机旁操作盘""油库运转""水处理运转""电气送电"四部分指示灯变绿。

（6）辊道运转是否正常，侧喷水嘴角度是否正常，E1 立辊中心导板是否对中。

（7）确认模式转换开关处于"轧制 ROLL"一侧，而不是"换辊 RCHG"一侧，即轧制侧绿灯亮。

（8）确认 E1/R1 相关传动设备正常与否，直至所有项全部点亮为止。

（9）检查 HSB 除鳞水喷射是否正常。

（10）检查 E1/R1 轧辊冷却水，入口、出口侧导板开闭是否正常。

（11）对 R1 入出口侧导板，E1/R1 进行标定。

（12）检查操作台所有工业电视监视画面是否正常。

3.2.4　粗轧设定

在粗轧主画面点击 粗轧设定 按钮，弹出粗轧设定（R1 PRESET）画面，如图 3-6 所示，进行粗轧设定。只有在半自动模式之下才能进行粗轧设定。

图片：粗轧设定画面

图 3-6　粗轧设定画面

预设定数据主要包括：轧制道次，R1最大速度，板坯的长度、宽度、厚度，各道次的咬钢速度、轧制速度、抛钢速度、入/出口除鳞、立辊辊缝、水平辊辊缝、入/出口侧导板开口度。

点击相应区域白色字体部分输入数据并按 回车 键，再点击 读取 按钮读入数据。

3.2.5　辊径手动输入画面

在粗轧主画面点击 辊径手动输入 按钮，弹出辊径输入画面，如图3-7所示。

图片：辊
径输入
画面

图3-7　辊径输入画面

点击绿色字体区域弹出数据输入窗口，输入数据，点击确定将输入的数据读入到实测信息中。

3.2.6　短行程设定画面

图片：短
行程设定

在粗轧主画面点击 短行程设定 按钮，弹出短行程设定画面，如图3-8所示。

点击绿色字体区域弹出数据输入窗口，输入数据，点击数据输入窗口里的 确定 ，再点击短行程设定画面里的 读取 读入数据。如果输入的是正值，表示向外打开，输入的是负值，表示向内靠拢。

图3-8　短行程设定画面

针对带钢头尾部失宽，可以采用短行程控制(SSC)，也可以将头尾部的影响加到宽度控制模型中，进行包含头尾部在内的前馈控制。

短行程控制是在板坯使立辊轧机前热金属检测器接通时，液压调宽缸先将开口度加大，待板坯咬入后按计算机内存储的事前统计好的曲线，将开口度收小，并在尾部到来时，逐步按存储曲线加大开口度。为此，必须对板坯长度进行测量，并对头和尾进行跟踪，以提高程序控制的正确性。

立辊开口度(随轧出长度增加)的变化曲线是根据现场统计或模拟所得，并可在实际控制后，在获得粗轧出口测宽仪实测值后进行自学习修正。

3.2.7 中间坯参数画面

在粗轧主画面点击 中间坯参数 按钮，弹出中间坯参数画面，如图3-9所示。

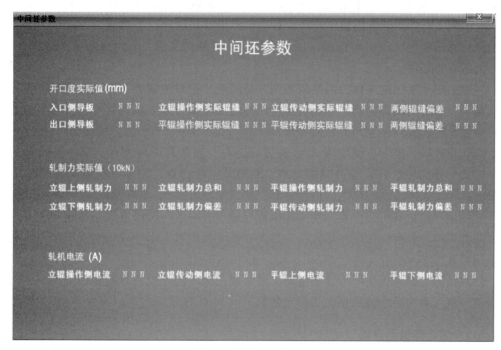

图 3-9 中间坯参数画面

图片：中间坯参数画面

此画面主要显示轧制过程的实际信息，与主画面上显示的信息相对应。

3.2.8 标定画面

在粗轧主画面点击 标定 按钮，弹出粗轧标定画面，如图3-10所示。

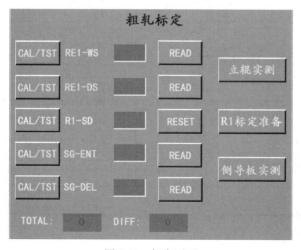

图 3-10 标定画面

图片：标定画面

　　在粗轧标定画面可以完成立辊操作侧 RE1-WS、立辊驱动侧 RE1-DS、水平辊 R1-SD、入口侧导板 SG-ENT、出口侧导板 SG-DEL 的标定。

　　之所以进行标定，是因为压下在换辊、推床或侧导板经检修或 APC 装置断电而电源又恢复之后，由于电气和机械的原因，会使设备的实际位置与检测的信号之间产生偏差，如果两者的数值不等，计算机给出的初始值就不准确，以此作基准算出的位移指令值肯定也不准确，因此，恢复两者对应关系的标定操作就成为 APC 开机的必要条件。

　　水平辊压下标定又称为调零或零调，是采用"绝对值调零"方式，即上下轧辊压靠，压靠时的压力达到某一定值，将此时的位置作为压下装置的零位，调零结束时应使轧辊的实际位置与显示值一致。

　　立辊轧机、推床、侧导板 APC 装置标定时，通常有两种方式：其一是设备的左右部分分别与水平轧辊的端面对齐，测量其实际位置，使实际位置与显示值一致，这种方式通常在大修之后进行；其二是"简易方式"，是在 APC 电源断电又恢复后使用，测量其实际位置，使实际位置与显示值一致。所以方式二是建立在方式一基础上的，如果能保证立辊轧机、推床、侧导板相对于水平轧辊是对中的，才能使用方式二。

　　对推床、侧导板实际位置测量时，通常取三个不同位置进行测量，得到三个测量值，取三者中最小的数据作为标定数据。

3.2.9　粗轧趋势图画面

　　在粗轧主画面点击 粗轧趋势图 按钮，弹出粗轧趋势图画面，如图 3-11 所示。

图片：粗
轧趋势图

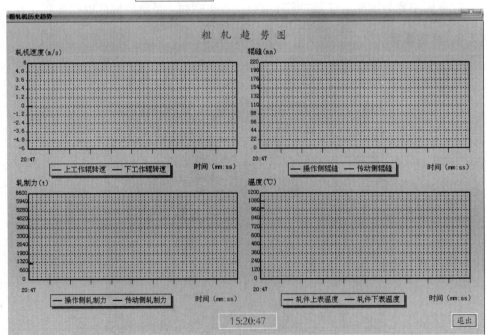

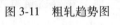

图 3-11　粗轧趋势图

粗轧趋势图是实时显示轧机速度（上辊、下辊）、辊缝（操作侧、传动侧）、轧制力（操作侧、传动侧）、轧件温度（上表、下表）的趋势曲线。

3.2.10　物料跟踪校正画面

在粗轧主画面点击 物料跟踪校正 按钮，弹出物料跟踪校正画面，如图 3-12 所示。

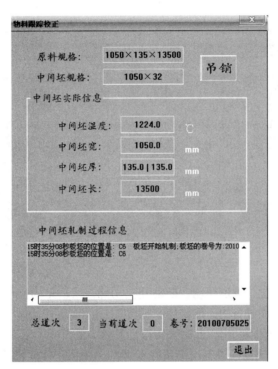

图片：物料跟踪校正

图 3-12　物料跟踪校正

物料跟踪校正画面主要显示板坯的实时信息。如果发现此板坯不可能轧制出最终合格的成品，可以点击 吊销 按钮，则关于此板坯后续的精轧及卷取信息被删掉，继续下一块板坯的轧制。

3.2.11　OPU1 画面

某 1700mm 热带钢厂的人-机界面系统采用"OPS+OPU+少量开关"的方式。

OPS 即操作员站，为 HMI 的客户机，采用带有大屏幕彩显的 PC 机，操作员将通过专门设计的触摸式特殊键盘进行画面切换，数据键入，功能选择及操作命令的输入。

OPU 为带灯辅助功能键盘，一般为 16 或 32 个带灯键，每个键定义有特殊功能，当操作员按下某个键后，由计算机接受此信息并由计算机输出信号将灯点亮，操作箱上亦采用 OPU 以简化结构，OPU 将通过通信线（现场总线）与 HMI 系统服务器连接。

　　除了 OPS 及 OPU 外操作台上将设置尽量少的开关、按钮，主要用于紧急状态的操作。这些开关按钮除通过继电器电路直接工作外，亦由远程 I/O 通过现场总线连到 HMI 系统服务器，所有 OPS、OPU 及开关信号都将进入服务器的数据库，以便定期与区域主管及过程计算机交换。

　　在粗轧仿真实训系统，打开粗轧主画面，点击 OPU1 按钮，弹出 OPU1 画面，如图 3-13 所示。

图片：粗
轧 OPU1
画面

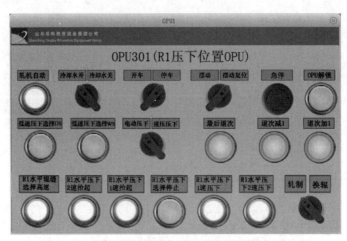

图 3-13　粗轧 OPU1 画面

　　OPU1 画面上设置了辊道摆动、摆动复位功能，摆动是为操作工提供人工强制摆动（E-HOLD）功能而设置的，旋转至"摆动"位，辊道开始摆动，为解除人工强制摆动功能，需要"摆动复位"，此时人工摆动解除，程序进行进钢条件满足判断，完成相应的轧制过程；当由于进钢连锁条件不满足（如相应热检 HMD305 及 HMD401 已检测到来钢而 APC 设备动作还没到位）而导致摆动时，在条件满足后，也需要"摆动复位"来解除摆动状态，重新进行进钢条件的判断，完成相应的轧制过程。

　　在自动轧制过程中，计算机根据压头信号的 ON、OFF（也就是轧制力信号的产生和消失）来自动将道次计数器加 1，以便继续下一个道次的轧制。在 OPU1 上设置了 3 个按钮，分别为 最后道次 、 道次减 1 、 道次加 1 。具体操作如下：如果某道次抛钢后，道次计数器未加 1，则按下 道次加 1 ，道次加 1。如果末道次抛钢后，道次未正常返回第一道次，则连续按下 道次减 1 ，直到其返回第一道次位置为止。如果因为某种特殊情况，需要把当前道次作为末道次，则可以按下 最后道次 ，则计算机把当前道次作为末道次轧出。

3.2.12　OPU2 画面

　　在粗轧仿真实训系统，打开粗轧主画面，点击 OPU2 按钮，弹出 OPU2 画面，如图 3-14 所示。

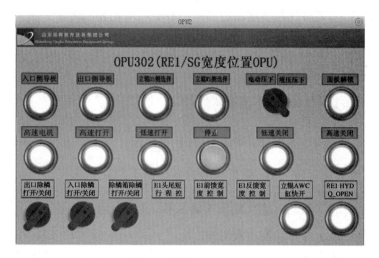

图片：粗
轧 OPU2
画面

图 3-14　粗轧 OPU2 画面

3.2.13　OPU3 画面

在粗轧仿真实训系统，打开粗轧主画面，点击 OPU3 按钮，弹出 OPU3 画面，如图 3-15 所示。

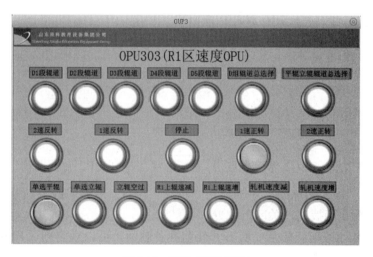

图片：粗
轧 OPU3
画面

图 3-15　粗轧 OPU3 画面

OPU3 画面上设置了 RE1/R1 速度平衡和速度补偿功能，为了防止板坯在轧制过程中出现扣翘头现象，在 OPU3 上为操作员设置了 R1 上辊速减 、 R1 上辊速增 两个按键，用于调整 R1 上下轧辊之间的速度差，由于仅属于微调，调整量限定在±10%之内。同时还设置了 轧机速度减 、 轧机速度增 两个按键，用于速度补偿，在自动轧制过程中，操作员可以根据实际轧制情况，增大、减少速度补偿量，来调整轧制速度以控制轧制节奏和粗轧轧制温度，其调整范围限定在±20%之内。

3.2.14　粗轧操作流程

3.2.14.1　辊道是否运转正常的操作

（1）打开粗轧 OPU3 界面，单击 D 组辊道总选择 。

（2）点击 2 速反转 ，观察 D 组辊道各段是否都在高速反转，如果辊道运转正常，单击 停止 。照此，依次验证 1 速反转、1 速正转、2 速正转情况，确保辊道正反转、高低速、停止功能正常工作。

（3）辊道运转测试正常后，打开开轧前准备画面，可以观察到"辊道运转正常"右侧绿灯点亮。

3.2.14.2　侧喷水嘴角度调整

打开开轧前准备画面，连续点击"侧喷水嘴角调整"向左或向右的箭头，使角度调整到左侧 15°附近，直到"侧喷水嘴角调整正常"右侧绿灯点亮为止，侧喷水嘴角度调整完成。

3.2.14.3　E1 立辊中心导板对中调整

打开开轧前准备画面，连续点击"E1 立辊中心导板对中调整"向上或向下的箭头，使红线和绿虚线对齐，"E1 立辊中心导板对中"右侧绿灯点亮，导板对中调整完成。

3.2.14.4　HSB 除鳞水喷射是否正常调整

（1）打开粗轧 OPU2 界面，点击 面板解锁 ，把 OPU2 解锁，将"出口除鳞""入口除鳞""除鳞箱除鳞"手柄扳到"打开"位置，观察除鳞水是否喷射，如果喷射正常，将手柄扳到"关闭"位置。

（2）除鳞水喷射正常后，打开开轧前准备画面，可以观察到"HSB 除鳞水喷射正常"右侧绿灯点亮。

3.2.14.5　E1/R1 轧辊冷却水是否正常操作

（1）打开粗轧 OPU1 界面，点击 OPU 解锁 ，把 OPU1 解锁，将操作手柄扳到"冷却水开"位置，观察冷却水是否喷射，如果喷射正常，将手柄扳到"冷却水关"位置。

（2）冷却水喷射正常后，打开开轧前准备画面，可以观察到"E1/R1 轧辊冷却水正常"右侧绿灯点亮。

3.2.14.6　入口、出口侧导板开、闭是否正常的操作

（1）打开粗轧 OPU2 界面，点击选择 入口侧导板 和 出口侧导板 。

（2）点击选择 高速电机 ，点击 高速关闭 ，观察入口、出口侧导板是否已关闭，如果已关闭，点击 停止 ，然后点击 高速打开 ，观察入口、出口侧导板是否已打开，如果已打开，点击 停止 。再次点击 高速电机 ，关闭高速电机，依次点击 低速关闭 、 停止 、 低速打开 ，观察入口、出口侧导板工作是否正常。

（3）打开开轧前准备画面，可以观察到"入口、出口侧导板开闭正常"右侧绿灯点亮。

3.2.14.7　立辊标定

（1）打开粗轧主界面，点击模式按钮 标定 ，把模式选为标定模式。

（2）打开粗轧 OPU1 界面，把模式转换开关打到"轧制"模式。

（3）打开粗轧 OPU2 界面，点击 立辊 AWC 缸快开 ，然后点击 RE1 HYD Q_OPEN 。

（4）在粗轧主画面点击 辊径手动输入 按钮，输入辊径（此步通常在换辊完成后进行）。

（5）打开粗轧主画面，点击 标定 按钮，弹出粗轧标定画面，如图 3-10 所示，再点击 立辊实测 。在立辊实测界面中，在"准备好立辊开口度实测工具"后的方框内打"√"，表示做好了实测准备工作，效果如图 3-16 所示。

（6）在粗轧标定画面，点击 CAL/TST RE1-WS，在后面的编辑框中输入 RE1-WS 测得的辊缝值，然后点击其后的 READ 。

（7）在粗轧标定画面，点击 CAL/TST RE1-DS，在后面的编辑框中输入 RE1-DS 测得的辊缝值，然后点击其后的 READ 。

（8）辊缝值计算方法：在台下量出立辊中心线到凸台边缘的距离 X，将这一距离加上 520mm，就是立辊的 APC 辊缝值，如在图 3-16 中辊缝值为 $310 + 545 - 25 = 830mm$。

3.2.14.8　平辊标定

（1）打开粗轧主界面，点击模式按钮 标定 ，把模式选为标定模式。

（2）打开粗轧 OPU1 界面，把操作手柄旋转到"冷却水开"位置，把模式转换

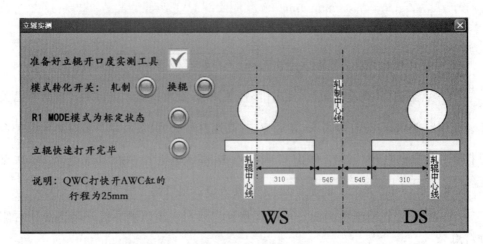

图片：立
辊实测
界面

图 3-16　立辊实测界面

开关打到"轧制"模式。

（3）打开粗轧 OPU3 界面，点击 单选平辊 ，然后点击 1 速正转 或 1 速反转 。

（4）至此平辊标定准备工作完成，效果如图 3-17 所示。

图片：平
辊标定准
备工作完
成画面

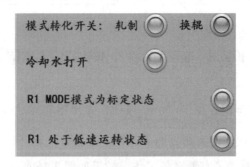

图 3-17　平辊标定准备工作完成画面

（5）打开 OPU1 界面，单击 R1 水平辊缝选择高速 、 R1 水平压下 2 速压下 ，直至粗轧主画面平辊辊缝实际值小于 100mm 时，点击 R1 水平压下选择停止 ，点击取消 R1 水平辊缝选择高速 ，同时选取 低速压下选择 DS 、 低速压下选择 WS ，单击 R1 水平压下 1 速压下 ，直至粗轧主画面平辊辊缝实际值为 0mm，且平辊轧制力总和大于 300t 时，迅速点击 R1 水平压下选择停止 ，操作手柄由"电动压下"旋转至"液压压下"，点击 R1 水平压下 1 速压下 ，直至粗轧主画面平辊轧制力总和达到 1200t 时，迅速点击 R1 水平压下选择停止 。

（6）确认两侧轧制力偏差小于 50t，如果大于 50t，则将压下抬起，点击

$\boxed{\text{R1 水平压下 1 速抬起}}$，直至粗轧主画面平辊辊缝实际值大于 50mm，单选

$\boxed{\text{低速压下选择 WS}}$，点击 $\boxed{\text{R1 水平压下 1 速压下}}$ 或 $\boxed{\text{R1 水平压下 1 速抬起}}$，

对辊缝偏差进行调整，重复进行第（5）步，直到平辊两侧轧制力偏差小于 50t。

（7）在粗轧标定画面，点击 $\boxed{\text{CAL/TST}}$ R1-SD，在后面的编辑框中输入 0，然

后点击其后的 $\boxed{\text{RESET}}$。

3.2.14.9　侧导板标定

（1）在 OPU3 界面中停止所有辊道的运转。

（2）在 OPU2 界面中将入口、出口侧导板开度打到 1000mm 位置。

（3）在粗轧标定画面打开"侧导板实测"界面，在"准备好量尺"右面的方

框中打"√"。

（4）在粗轧标定画面，点击 $\boxed{\text{CAL/TST}}$ SG-ENT，在后面的编辑框中输入入口

侧导板 3 个测量位置中的最小值，然后点击其后的 $\boxed{\text{READ}}$。

（5）在粗轧标定画面，点击 $\boxed{\text{CAL/TST}}$ SG-DEL，在后面的编辑框中输入入口

侧导板 3 个测量位置中的最小值，然后点击其后的 $\boxed{\text{READ}}$。

开轧前准备完成的效果如图 3-18 所示。

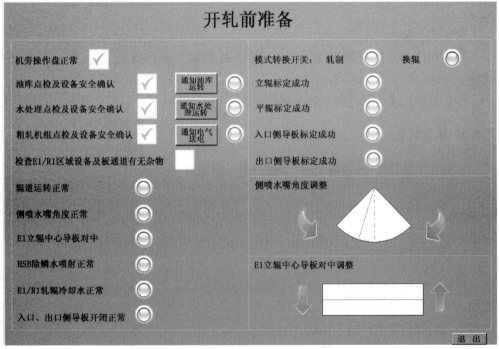

图片：开轧前准备完成效果图

图 3-18　开轧前准备完成效果图

3.2.14.10　粗轧轧钢

（1）确保"开轧前准备"已完成所有项目。

（2）打开粗轧主界面，点击模式按钮 $\boxed{自动}$ ，把模式选为自动模式。

（3）在粗轧 OPU1 界面中点击 $\boxed{轧机自动}$ ，模式转换开关打到"轧制"上，操作手柄旋转到"开车"位置。

（4）在粗轧主界面，点击 $\boxed{选择计划}$ ，完成计划的选择。

（5）在粗轧主界面，点击 $\boxed{开始轧制}$ ，轧机开始轧钢。

3.3　精轧仿真实训系统操作

3.3.1　精轧主画面

精轧主画面如图 3-19 所示。

3.3.2　飞剪画面

在精轧主画面点击 $\boxed{飞剪}$ 按钮，进入飞剪画面，如图 3-20 所示。

在飞剪画面可以设定剪头、剪尾的长度，打开/关闭保温罩，打开/关闭除鳞箱。

带坯切头标准：全部切头。

带坯切尾标准：带钢厚度小于 6.0mm 时切尾，带钢厚度大于 6.0mm 时不切尾。

带坯剪切长度：允许切下的头尾长度为 0~300mm。

3.3.3　设备状态

在精轧主画面点击 $\boxed{设备状态}$ 按钮，进入设备状态画面，如图 3-21 所示。

设备状态画面显示设备的状态，红色框表示系统检查未通过，绿色框表示系统检查通过。

3.3.4　窜辊设定画面

精轧工作辊采用窜辊技术，能改善工作辊磨损程度，降低辊耗，实现自由程序轧制，下机工作辊的磨损量仅为 0.25~0.35mm，最大单元轧制长度增加到 94km，同宽最大轧制长度增加到 72km。

投入窜辊前，要确保上下工作辊之间辊缝值大于 4mm，工作辊处于转动状态，本机架内无带钢。

图 3-19 精轧机主操作画面

1—E10 辊道；2—钢块到达除鳞箱温度；3—精轧出口温度；4—G2 辊道；5—喷淋水，1 表示水开，0 表示水关；6—弯辊力柱状图，左侧是设定值，右侧是实际值

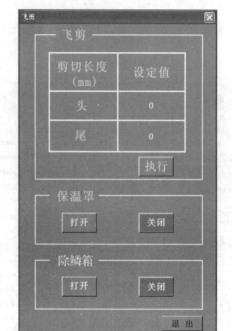

图 3-20　飞剪画面

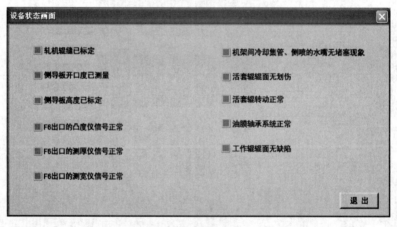

图 3-21　设备状态画面

　　在精轧主画面点击 窜辊设定 按钮，进入窜辊设定画面，如图 3-22 所示。

　　窜辊的操作模式分为标定、自动、半自动、手动。自动方式为接收 2 级计算机设定的参数，半自动方式为预设定方式，操作工在不使用 2 级计算机时从 HMI 画面输入窜辊所用参数；标定方式是在确定窜辊的基准零位置时使用；手动方式一般是在对某个单独设备进行操作时使用。在正常的轧钢状态下，使用自动方式。

　　在窜辊设定画面，选择轧机后，选择"半自动"或"手动"，选择"上侧"或"下侧"，可以设定对应位置的窜辊值，设定完毕后，点击 确认 ，确认操作后，点击 执行 。

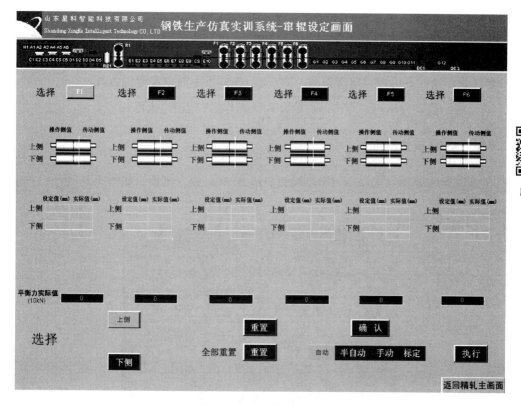

图 3-22　窜辊设定画面

选择"标定"模式后，指定位置的窜辊量标定为 0。

点击"重置"，指定位置的窜辊量设定为 0，点击"全部重置"，所有轧机的上下侧窜辊量置为 0。

"平衡力实际值"显示的平衡力与精轧主画面显示的平衡力一致。

3.3.5　弯辊设定画面

弯辊系统的作用是用来调整成品带钢的板形和凸度。

在精轧主画面点击 弯辊设定 ，进入弯辊设定画面，如图 3-23 所示。

图 3-23　弯辊设定画面

弯辊设定画面显示中间坯的长、宽、厚，预产钢卷的宽、厚，单位为 mm。弯辊系统操作模式包括自动操作（自动操作时手动干预优先）、半自动操作和手动操作。SCC 表示由 2 级计算机计算出的弯辊力，PRE 表示可以人工设定的弯辊力。在"半自动"模式下可以设定弯辊力，"自动"模式下不能设定弯辊力。

弯辊力设定完毕后，点击 确认 ，确认操作后，点击 执行 。

3.3.6　AGC 模式画面

在精轧主画面点击 AGC 模式 按钮，进入 AGC 模式画面，如图 3-24 所示。

图片：AGC
模式画面

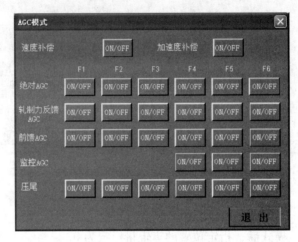

图 3-24　AGC 模式画面

AGC 模式画面显示速度补偿、加速度补偿的开/关，轧机的绝对 AGC 模式、轧制力反馈 AGC 模式、前馈 AGC 模式、监控 AGC 模式、压尾的开/关，灰色表示关，绿色表示开。

3.3.7　侧导板设定画面

在精轧主画面点击 侧导板设定 按钮，进入侧导板设定画面，如图 3-25 所示。

侧导板设定画面显示侧导板开口度实际值、由 2 级模型计算得到的开口度给定值、可以进行人工干预的侧导板设定值。"半自动"模式下可以设定侧导板开口度，设定完毕后，点击 执行 。

在"手动"模式下，可以控制侧导板的"打开""停止""关闭"。"自动"模式下可以选择多个侧导板，"手动"模式下只能选择一个侧导板。

在"标定"模式下，轧机未轧制，在"位置设定值"输入现场实测数据，点击 标定 ，可以标定侧导板。此时位置实际值与位置设定值应相等。

点击 短行程 ，可以设置第一次短行程、第二次短行程。当轧机即将到达指定轧机时进行第一次短行程，当轧机到达指定轧机时进行第二次短行程。

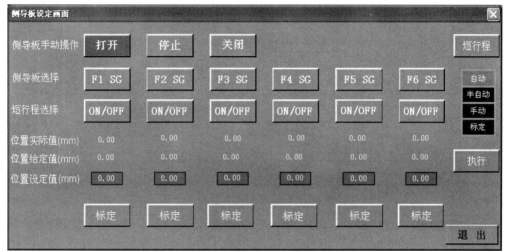

图 3-25 侧导板设定画面

3.3.8 轧机速度画面

在精轧主画面点击 轧机速度 ，进入轧机速度画面，如图 3-26 所示。

3.3.8.1 速度设定画面

在轧机速度画面点击 速度设定 ，进入速度设定画面，如图 3-27 所示。

速度设定画面显示由 2 级模型计算得到的速度给定值、可以进行人工干预的速度设定值和速度实际值（速度设置），速度设定值设定完毕后，点击 执行 ，将设定值传给执行机构。

3.3.8.2 活套设定画面

在轧机速度画面点击 活套设定 ，进入活套设定画面，如图 3-28 所示。

活套设定画面显示可以进行人工干预的活套角度设定值、由 2 级模型设定的活套角度给定值、活套角度实际值，活套张力实际值、可以进行人工干预的活套张力设定值、由 2 级模型设定的活套张力给定值，设定活套角度/张力后点击 执行 ，将设定值传给执行机构。

在活套上无人、机架间无钢、锁定销拔出时，可以对活套进行手动升降操作，灰色表示未选中，绿色表示选中。

图片：轧
机速度
画面

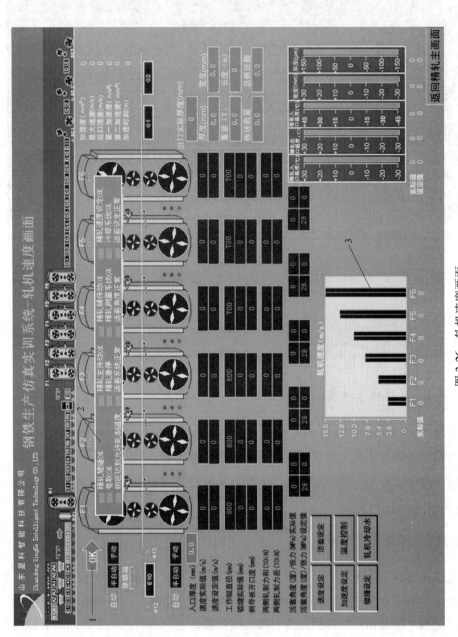

图 3-26　轧机速度画面

1—系统检查状态显示红色为未通过，蓝色为通过；2—设备状态显示，左侧的小框灰色表示未通过，浅绿色表示通过，
设备进行轧制；3—轧机速度柱状图；若此处有一项未通过，则不能进行轧制，左侧是设定值，右侧是实际值

图片：速度设定画面

图 3-27 速度设定画面

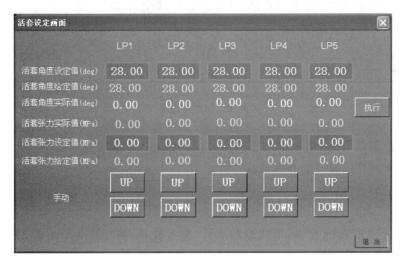

图片：活套设定画面

图 3-28 活套设定画面

3.3.8.3 加速度设定画面

在轧机速度画面点击 加速度设定 ，进入加速度设定画面，如图 3-29 所示。

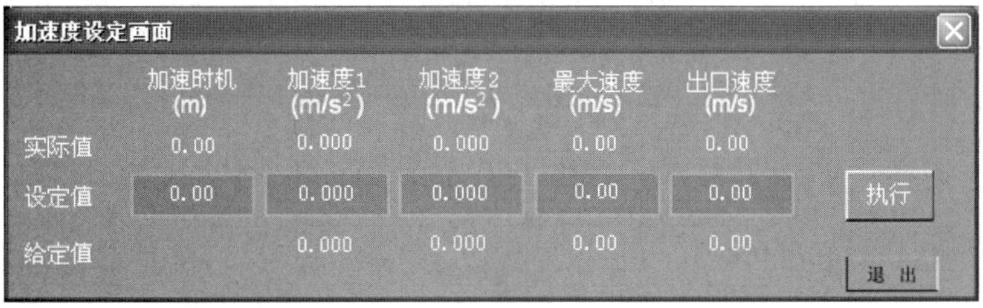

图片：加速度设定画面

图 3-29 加速度设定画面

加速度设定画面显示加速时机、第一加速度、第二加速度、最大速度、抛钢速度（出口速度）的实际值、设定值、给定值。给定值是由 2 级模型计算得到的，设定值是可以由人工干预设定的，设定完毕后点击 执行 ，将设定值传给执行机构。

3.3.8.4   温度控制画面

在轧机速度画面点击 温度控制 ，进入温度控制画面，如图 3-30 所示。

图 3-30   温度控制画面

温度控制画面显示精轧入口温度实际值、精轧出口温度实际值、精轧出口温度设定值，并对终轧温度上下偏差做出规定。

3.3.8.5   轧机冷却水设定画面

在轧机速度画面点击 轧机冷却水 ，进入轧机冷却水设定画面，如图 3-31 所示。

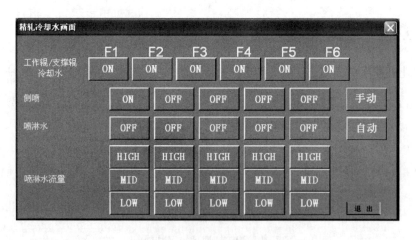

图 3-31   轧机冷却水设定画面

在轧机冷却水设定画面中，"手动"模式下，可以设定工作辊/支撑辊冷却水的开、关，侧喷的开、关，喷淋水的开、关，喷淋水的流量（HIGH、MID、LOW）。"自动"模式下由 2 级计算机进行控制。

3.3.9 辊缝设定

在精轧主画面或者轧机速度画面点击 辊缝设定 ，进入辊缝设定画面，如图 3-32 所示。

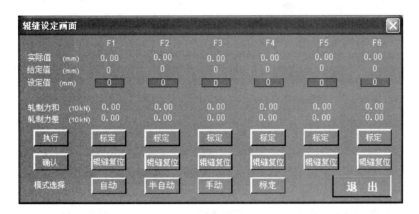

图 3-32 辊缝设定画面

在辊缝设定画面显示 6 架轧机中间位置辊缝实际值、由 2 级模型计算出来的辊缝给定值、可以进行人工设定的辊缝设定值。6 架轧机的轧制力和、轧制力差。

在"模式选择"处可以选择"自动""半自动""手动""标定"操作模式。在"半自动"模式下才可以设定辊缝，辊缝设定完毕后，点击 确认 ，信息进入 HMI 计算机，点击 执行 ，将设定值传给执行机构。

选择"标定"模式后，在未轧制的状态下，点击 标定 进行辊缝标定，辊缝标定完毕后，点击 辊缝复位 ，辊缝自动抬到 10mm，标定完成。

3.3.10 主速度操作台

在精轧主画面点击 主速度控制 ，进入主速度操作台界面，如图 3-33 所示。

主速度操作台控制轧机状态和调整轧机速度，轧机状态有"轧制""停止"和"换辊"三种状态。速度控制有"增"速和"减"速两种选择。当出现人身或设备隐患时，用"急停"按钮可快速将精轧停下来，此急停按下后，只是轧机停下而主传动不掉电。在无急停的情况下，此按钮处于抬起状态，在按下急停按钮后，按钮被压下，这时旋转按钮，使按钮旋转抬起可进行急停复位。在主压下台上还有一急停键，此键为掉电急停，按下后轧机迅速停下并且主传动掉电。

在主速度操作台界面上点击 OPU-1 ，进入主速度控制 OPU-1 界面，如图 3-34 所示。

图片：主
速度操作
台界面

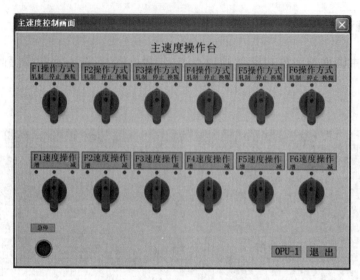

图 3-33　主速度操作台界面

图片：主
速度控制
OPU-1
界面

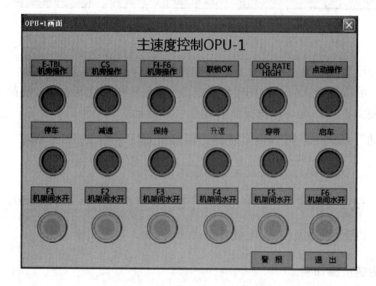

图 3-34　主速度控制 OPU-1 界面

　　主速度控制 OPU-1 控制所有轧机的速度和机架间冷却水的开。E 辊道 E-TBL、飞剪 CS、F1~F6 机旁操作是操作地点的选择显示信号，灯亮时表示处于机旁操作。联锁 OK 是精轧区域所有联锁 OK 显示信号，灯亮时表示 OK。

　　在操作方式选为自动，并且各机架的传动联锁条件都满足的情况下。操作工可通过主速度控制 OPU-1 上的停车、减速、保持、升速、穿带、启车这 6 个按键来操作轧机。

　　停车：按下此键后，轧机速度减至 0。

　　减速：在轧机运行速度高于抛钢速度时，按下此键后，轧机减至抛钢速度，如果原轧机速度低于抛钢速度，则按此键无效。

保持：按下此键后，轧机保持在当前的速度下运转。

升速：按下此键后，轧机按 ACC2 加速度升速。

穿带：按下此键后，轧机按各自的穿带速度运行，但仅限于机架无咬钢信号的情况，如果机架有咬钢信号，则按此键无效。

3.3.11 辊缝操作台

在精轧主画面上点击 辊缝控制 ，进入辊缝操作台界面，如图 3-35 所示。

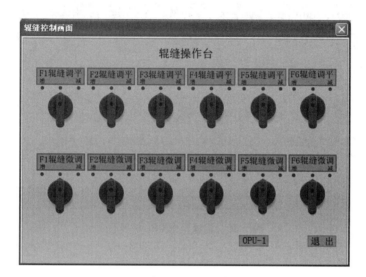

图片：辊缝操作台界面

图 3-35　辊缝操作台界面

辊缝操作台可以调整辊缝，辊缝调平中"增"表示操作侧辊缝增加，"减"表示操作侧辊缝减小，点击对应的红点即可改变相应的状态。辊缝微调可以是两侧辊缝同时调整。

在辊缝操作台界面上点击 OPU-1 ，进入辊缝操作 OPU-1 界面，如图 3-36 所示。

辊缝操作 OPU-1 控制所有轧机侧导板和辊缝，点击相应的按钮可以实现相应的功能。

3.3.12 精轧仿真实训系统操作流程

（1）选择轧制计划。打开精轧仿真实训系统，选择轧制计划，并根据轧制品种、规格选择所用规程。

（2）系统检查。进入系统之后首先需要进行系统检查，没有进行系统检查不能进行轧制。

（3）设定参数。选择主系统的轧制模式，即"自动""半自动"和"手动"，默认状态下为"自动"模式。在"半自动"模式下设定轧制过程中所需的参数。

（4）转车。在主速度操作台，将 F1～F6 的操作方式置于"轧制"状态；在主速度控制 OPU-1 点击"启车"，在主操作画面点击"转车"，再点击"开始轧制"，轧机按照设定的参数轧制。

图片：辊缝操作 OPU-1 界面

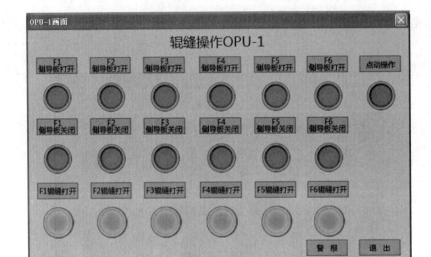

图 3-36　辊缝操作 OPU-1 界面

3.4　卷取仿真实训系统操作

3.4.1　卷取主画面

卷取主画面如图 3-37 所示。

3.4.2　卷取设定

在卷取主画面点击 卷取设定 ，进入卷取设定画面，如图 3-38 所示。

"手动"模式下，在卷取设定画面，输入"设定值"，点击 OK ，该项设定值设定完成。

3.4.3　速度设定

在卷取主画面点击 速度设定 ，进入卷取速度设定画面，如图 3-39 所示。

输入"超前率调整""滞后率调整"数值后点击 读取 ，超前率、滞后率在设定值基础上增加或者减小，对应的速度也发生变化。

图片：卷取主操作画面

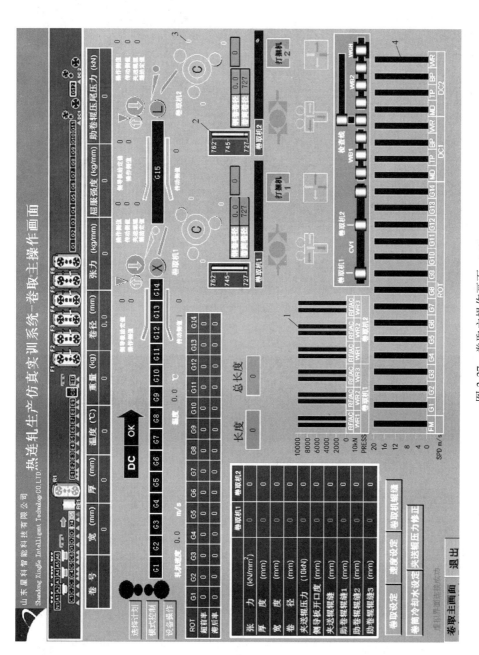

图 3-37 卷取主操作画面

1—助卷辊压力柱状图，左侧为设定值，右侧为实际值；2—卷筒卷径的柱状值；3—助卷辊辊缝显示；4—卷取区各设备速度柱状图

图片：卷取设定画面

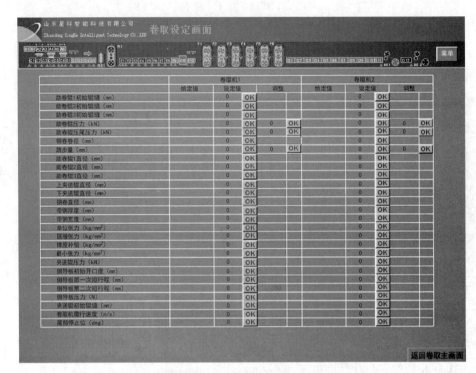

图 3-38　卷取设定画面

图片：卷取速度设定画面

图 3-39　卷取速度设定画面

3.4.4 卷取机辊缝

在卷取主画面点击 卷取机辊缝 ，进入卷取辊缝画面，如图 3-40 所示。

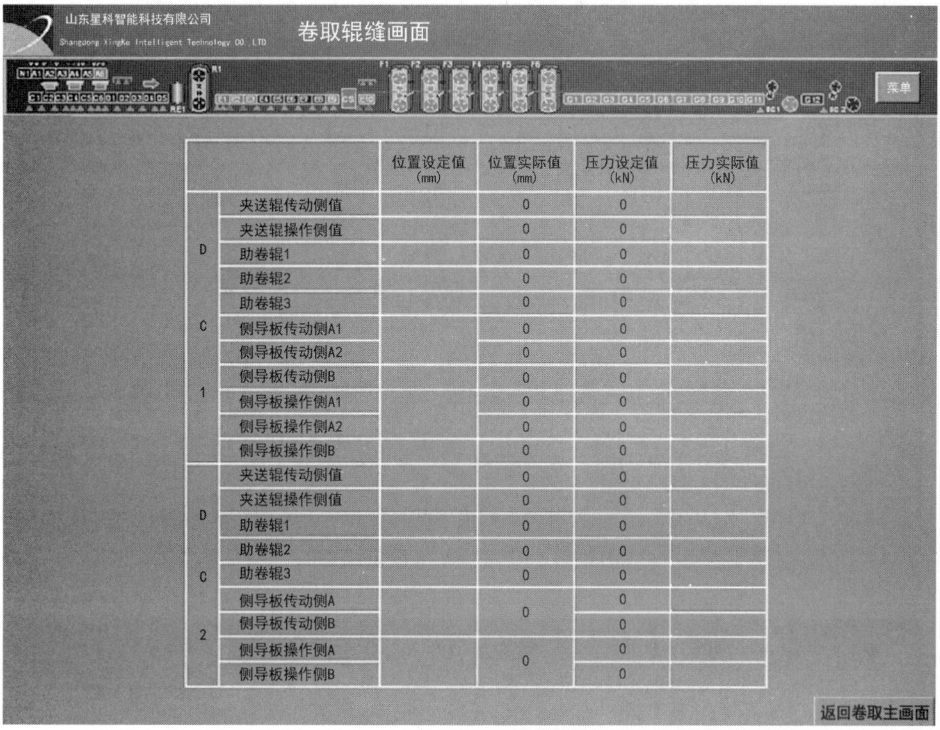

图片：卷
取辊缝
画面

		位置设定值 (mm)	位置实际值 (mm)	压力设定值 (kN)	压力实际值 (kN)
D	夹送辊传动侧值		0	0	
	夹送辊操作侧值		0	0	
	助卷辊1		0	0	
	助卷辊2		0	0	
	助卷辊3		0	0	
C	侧导板传动侧A1		0	0	
	侧导板传动侧A2		0	0	
1	侧导板传动侧B		0	0	
	侧导板操作侧A1		0	0	
	侧导板操作侧A2		0	0	
	侧导板操作侧B		0	0	
D	夹送辊传动侧值		0	0	
	夹送辊操作侧值		0	0	
	助卷辊1		0	0	
	助卷辊2		0	0	
C	助卷辊3		0	0	
	侧导板传动侧A		0		
2	侧导板传动侧B	0	0		
	侧导板操作侧A		0		
	侧导板操作侧B	0	0		

返回卷取主画面

图 3-40　卷取辊缝画面

在卷取机辊缝画面显示位置设定值、位置实际值、压力设定值、压力实际值。

3.4.5 卷筒冷却水设定画面

在卷取主画面点击 卷筒冷却水设定 ，进入卷筒冷却水设定画面，如图 3-41 所示。

卷筒冷却水设定画面显示卷取机冷却水的控制模式，在"自动"模式下不能设定冷却水的开/关，"手动"模式下可以设定冷却水的开/关，绿色表示开，红色表示关。

ALL ON 按钮可以控制辊道冷却水的全开，ALL OFF 按钮可以控制辊道冷却水的全关。点击 退出 ，返回到卷取主画面。

3.4.6 夹送辊压力修正画面

在卷取主画面点击 夹送辊压力修正 ，进入夹送辊压力修正画面，如图 3-42 所示。

图片：卷
筒冷却水
设定画面

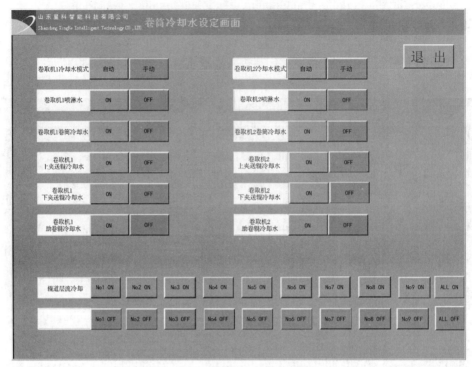

图 3-41　卷筒冷却水设定画面

图片：夹
送辊压力
修正画面

	二级设定	0	二级设定	0
	厚度范围	修正值	厚度范围	修正值
DS	H>4.1	0	0<H≤12.7	
	3.6<H≤4.1	0		
	3.1<H≤3.6	0		
	2.6<H≤3.1	0	DS综合	0
	2.1<H≤2.6	0		
	H≤2.1		5.0<H≤12.7	0
	DS综合	0	4.1<H≤5.0	0
WS	H>4.0	0	3.6<H≤4.1	0
	3.6<H≤4.0	0	3.1<H≤3.6	0
	3.1<H≤3.6	0	2.8<H≤3.1	0
	2.8<H≤3.1	0	2.6<H≤2.8	0
	2.6<H≤2.8	0	2.1<H≤2.6	0
	2.1<H≤2.6	0	1.6<H≤2.1	0
	H≤2.1		H≤1.6	
	WS综合	0	WS综合	0

图 3-42　夹送辊压力修正画面

3.4.7 模式控制

在卷取主画面点击 模式控制 ，进入模式控制界面，如图 3-43 所示。

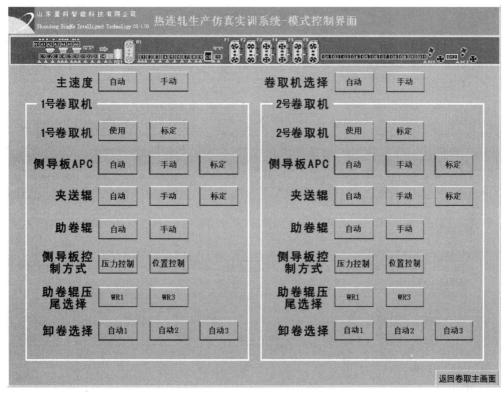

图片：模式控制界面

图 3-43 模式控制界面

"主速度"模式控制："主速度"模式分自动和手动两种模式，用于设定夹送辊、助卷辊、卷筒的操作模式，选中的操作模式显示为绿色。

"卷取机选择"控制方式："卷取机选择"控制方式分自动和手动两种模式，选中的控制方式显示为绿色。如果卷取机选择设定为"自动"，钢块卷取完毕后，会自动跳转到另一台卷取机；如果卷取机选择设定为"手动"，钢块卷取完毕后，需要手动选择下一台工作的卷取机。

"卸卷选择"控制：选择卸卷的控制方式。自动 1 的动作包括：当钢卷即将卷完时，卸卷小车预升，当卷取完毕后执行二次升（卷径+200mm），然后同步执行卷筒缩、助卷辊打开、活动支撑打开；自动 2 的动作包括：卸卷小车行走至打捆位置，卸卷小车下降，然后同步执行活动支撑关闭、卷筒预涨、助卷辊回抱；自动 3 的动作包括：打捆机打捆，运卷小车后退至极限位置，上升，托起钢卷，行走至运输链，然后下降，将钢卷放在 1 号运输链上，然后后退到中间位。如果未选择自动 1，直接选择自动 2，需要自动 1 的动作全部手动执行完毕后，才能选择。

3.4.8　设备操作

在卷取主画面点击 设备操作 ，进入设备操作界面，如图 3-44 所示。

图 3-44　设备操作界面

3.4.9　选择计划

在卷取主画面点击 选择计划 ，进入选择计划界面，如图 3-45 所示。在选择计划之前，需要先转车。

3.4.10　操作流程

（1）设定模式。在模式设定界面设定卷取设备的操作模式，卷取模式确定后，系统按照设定的模式进行卷取操作。

（2）转车。进入设备操作界面执行转车操作。如果在模式设定中"主速度"的模式为"自动"，在设备操作界面点击当前工作卷取机对应的"主速度自动开始"，执行转车；如果在模式设定中"主速度"的模式为"手动"，在设备操作界面需要手动转车。

（3）选择卷取计划。进入"选择计划"界面，选择卷取的生产计划。

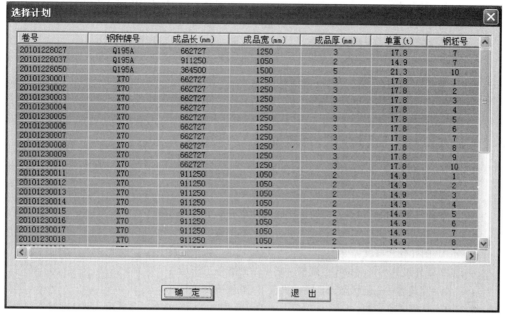

图片：选择计划界面

图 3-45　选择计划界面

复习思考题

1. 填空题

1-1　热带产品通常的两个去向为_____和_____。

1-2　热带卷通常具有以下数据：钢卷内径_____ mm，钢卷最大外径_____ mm，最大单位宽度卷重_____ kg/mm。

1-3　轧制的操作模式，分为_____、_____、_____三种模式。

1-4　当辊道上有板坯时，相对应的辊道变为_____；机前、机后高压水除鳞喷嘴、高压水除鳞箱工作时喷嘴指示变为_____；四辊轧机工作时轧机变为_____；热金属检测器 HMD 检测到有板坯时相对应的 HMD 变为_____。

1-5　如果机旁操作盘正常，油库运转，水处理运转，电气送电，RE1/R1 处于"轧制 ROLLING"状态，RE1/R1 处于操作台操作"P/P"状态而非机旁状态，则相应部分指示灯_____。

2. 判断题

2-1　在自动运转过程中，出现非正常情况，人工可随时介入操作。　　　　　（　　）

2-2　在自动运转过程中，人工操作是不起作用的。　　　　　　　　　　　（　　）

2-3　在本块带钢的数据部分来自 2 级计算机，部分来自操作员的设定，该设定必须在本块带钢第一道次咬钢之前完成。　　　　　　　　　　　　　　　　　　　　（　　）

2-4　只有在半自动模式之下才能进行粗轧设定。　　　　　　　　　　　　（　　）

2-5　在自动模式之下也可以进行粗轧设定。　　　　　　　　　　　　　　（　　）

3. 单选题

3-1　入口、出口侧导板标定时取数值情况属于（　　　　）。

A. 取最大值　　　B. 取最小值　　　C. 取平均值　　　D. 取中间值

3-2　热带粗轧模拟系统中 OPU1 主要功能为（　　）。

    A. 水平轧机压下位置控制　　　　　B. 立辊、侧导板开口度控制

    C. 速度控制　　　　　　　　　　　D. 急停控制

3-3　热带粗轧模拟系统中 OPU2 主要功能为（　　）。

    A. 水平轧机压下位置控制　　　　　B. 立辊、侧导板开口度控制

    C. 速度控制　　　　　　　　　　　D. 急停控制

3-4　热带粗轧模拟系统中 OPU3 主要功能为（　　）。

    A. 水平轧机压下位置控制　　　　　B、立辊、侧导板开口度控制

    C. 速度控制　　　　　　　　　　　D. 急停控制

4. 多选题

4-1　热连轧带钢粗轧可逆万能轧机所做的标定有以下哪些选项（　　）。

    A. 立辊开口度　　　　　　　　　　B. 水平辊零位

    C. 侧导板开口度　　　　　　　　　D. 轧机、辊道速度

4-2　板带轧机的水平辊做零位调整时必须做的准备工作是（　　）。

    A. 模式选在轧制状态，非换辊状态　B. 轧辊冷却水打开

    C. 轧机低速运转　　　　　　　　　D、模式选在标定状态，非自动、半自动状态

5. 简答题

5-1　自动和半自动方式的区别是什么？

5-2　为什么要进行标定？水平轧机、立辊轧机、推床、侧导板如何标定？

4 厚度和宽度控制

4.1 概　述

厚度和宽度是板带钢最主要的尺寸质量指标。20世纪90年代到现在，热轧带钢厚度偏差±40μm，全长命中率99%，宽度偏差+2~6mm，全长命中率95%。

需要说明的是，不同公司对头尾不统计的长度有不同要求，对换辊后及换规格后第几卷钢是否统计入内亦有不同要求。以上所列的百分比一般都不包括头10m和尾10m，故减少头尾不考核长度是当前努力的方向。

根据国家标准规定，对不切头尾的不切边钢带检查厚度、宽度时，两端不考核的总长度 L 为90/公称厚度（L 单位 m、计算时公称厚度代入毫米数），且应不大于20m。

热带厚度精度可分为一批同规格带钢的厚度异板差和每一条带钢的厚度同板差。为此可将厚度精度分解为带钢头部厚度命中率和带钢全长厚度偏差。

头部厚度命中率决定于厚度设定模型的精度。

带钢全长厚差则需由 AGC 根据头部厚度（相对 AGC）或根据设定的厚度（绝对 AGC）使全长各点厚度与锁定值或设定值之差小于允许范围，应该说头部厚度对 AGC 工作有明显影响。

同样，也可将宽度精度分解为带钢头部宽度偏差和带钢全长宽度偏差。

头部宽度偏差除了决定于宽度设定模型的精度外，还取决于变形条件及是否采用短行程控制（SSC）。

控制带钢全长宽度偏差，需在以下各方面着手：

（1）采用重型立辊，液压缸调宽控宽，全长采用宽度自动控制（AWC）系统。

（2）采用定宽压力机以加大调宽能力，并改善带坯头尾形状。

（3）改善精轧机组活套起套状态，实现活套起套软接触技术，以免拉窄带钢。

（4）改善活套高度及张力控制水平，减少张力波动。

（5）改善卷取机咬钢后由速度控制向张力控制模式转换的平滑性，以免拉窄带钢。

4.2 厚　度　设　定

4.2.1 精轧厚度设定

4.2.1.1 弹跳方程

把轧机当作一个大的弹簧系统，在轧制压力 P 作用下，辊缝会增加，辊缝增加量称为弹跳量或辊跳量，如图 4-1 所示。

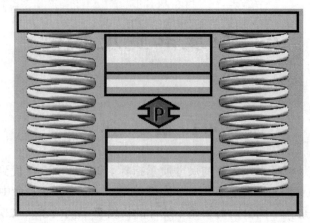

图 4-1　轧机弹跳示意图

　　轧机弹跳量一般可达 2~5mm，对粗轧机组来说，由于每道压下往往达几十毫米以上，轧机的弹跳量可以粗略计算。但对于精轧机组来说，由于压下量仅为几毫米甚至小于 1mm，轧机的弹跳量与压下量属同一数量级，甚至弹跳量超过钢板厚度，因此必须考虑弹跳影响，并需对弹跳值进行精确的计算。

　　轧机操作时所能调节的只是轧辊空载辊缝 S'，而薄板轧机操作中一个最大的困难是如何通过调节 S' 来达到所需要的板厚。

　　根据弹性变形理论，可写出以下弹跳方程：

$$h = S' + \frac{P}{K'_{\mathrm{m}}} \tag{4-1}$$

式中　　h——轧件厚度；

　　　　S'——空载辊缝；

　　　　K'_{m}——机座总刚度。

　　试验表明，机座弹性变形的特性如图 4-2 所示。

　　从图 4-2 中可以看出，机座的弹性变形与压力并非呈线性关系，而是在小压力区为一条曲线，当压力大到一定值以后，压力和变形才近似呈线性关系。这一现象的产生可用零件之间存在接触变形和微观间隙等来解释。这一非线性区并不稳定，每次换辊后都有所变化，特别是接近于零变形（实际上是间隙）时，很难精确确定，亦即辊缝的实际零位很难确定，因此上面的关系式很难供实际应用。

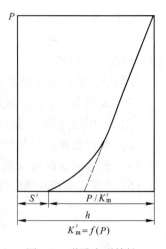

图 4-2　弹跳变形特性

　　在现场实际操作中，为了消除上述不稳定的影响，都采用了人工零位的方法，即先让轧辊以一定速度旋转，然后将轧辊预压靠达到一定的力 P_0，此时将辊缝仪的指示清零（作为零位），这样可克服不稳定段的影响。

图 4-3 表示压靠零位过程。$Ok'l'$ 线为预压靠曲线，在 O 处轧辊受力开始变形，压靠力为 P_0 时变形（负值）为 Of'，此时将辊缝仪清零，然后抬辊，如抬到 g 点，此时辊缝仪指示值为 $f'g = S_0$（g 点不稳定，实际上不易确定），由于 gkl 曲线和 $Ok'l'$ 完全对称，因此 $Of' = gf$，所以 Of 即为 S_0，如此时轧入厚度为 H 的轧件产生轧制力 P（轧件塑性变形特性为 Hnq 曲线），轧出厚度为 h（gkl 弹性线和 Hnq 塑性线相交点 n 的纵坐标为 P，横坐标为 h）。从图 4-2 可得到以下关系：

$$M(\Delta h + HG) = P \qquad (M = \tan\beta) \tag{4-2}$$

$$h = S_0 + \frac{P - P_0}{K_m} \qquad (K_m = \tan\alpha) \tag{4-3}$$

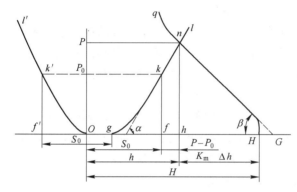

图 4-3　压靠零位和轧制时的弹性变形曲线

前者为塑性方程，即轧前厚度为 H，随不同的压下量轧制力的变化曲线，式中 M 为轧件塑性刚度；后者为弹跳方程，即在不同的轧制力下轧机弹跳的变化曲线，式中 K_m 为轧机弹性刚度。

式（4-3）为热连轧厚度设定和厚度自动控制的基础，并可作为间接测量厚度的一种方式，但用它表示轧件厚度时精度不很高，其原因如下。

（1）在轧制过程中，轧辊和机架的温度都有升高（直到某一稳定状态），产生热膨胀，同时由于轧辊不断磨损，而使辊缝发生"漂移"。因此在上述公式中，应增加辊缝零位补偿量 G。

（2）当支撑辊采用油膜轴承时，其油膜厚度与轧辊转速和轧制力大小有关，因此在加速过程中，油膜厚度的变化影响辊缝的精度，其变化量为 O。

（3）当辊系被加上弯辊力后，不仅带钢出口断面形状将改变，并且将影响出口厚度，因此厚度方程可写成：

$$h = S_0 + S_P + S_F + G + O \tag{4-4}$$

$$S_P = \frac{P\xi}{K_{m0} + \beta(L - B)} - \frac{P_0}{K_{m0}}$$

$$S_F = \frac{F}{K_w}$$

式中　S_0——空载辊缝值；

h——轧出厚度；

S_P——弹跳量，即由轧制力造成的厚度变化；

S_F——弯辊力对出口厚度的影响；

G——辊缝零位补偿量；

O——油膜厚度的变化量；

K_{m0}——用预压靠法得到的刚性系数（相当于 $B = L$，L 为轧辊辊身长度）；

P_0——调零时的轧制压力；

β——轧机刚度的宽度修正系数；

ξ——比例系数；

F——弯辊力；

K_w——弯辊力对厚度影响系数。

厚度方程是精确确定空载辊缝和设计厚度自动控制系统不可缺少的基本方程，其精度主要取决于轧制力 P 的精度、机座总刚度系数 K_m（或直接用弹跳量 S_P），弯辊力对厚度影响系数 K_w 以及 G 和 O 值的精度，这是目前提高控制精度所要着重解决的问题。

由于轧辊弹跳是许多零件变形的总和，因此用理论计算各零件变形的方法来求机座总刚度比较困难，而且不易保证精度。目前一般采用对具体轧机进行实际测量的办法来确定 K_m 值与弯辊力对厚度影响系数 K_w。

A　试验方法确定轧机刚度

试验方法确定轧机刚度有以下两种方法。

（1）用轧铝板（对冷连轧机则可直接用钢板进行试验）的方法求 K_m。此时，可固定一个 S_0，然后用不同厚度的铝板轧入，测出轧制力和轧出厚度（应尽量使轧制力变动范围大一些），用回归法可求出 K_m 值或分几段折线来回归，此法只需实测轧制力 P 和轧出厚度 h，而不必知道精确的 S_0 值，但在一般情况下，要找到一组不同厚度的铝板往往不太容易，如只有一种厚度的铝板，可在试验时首先预压靠轧辊，在预压靠力 P_0 时辊缝仪清零，然后用不同 S_0 值来轧铝板，使产生变化范围尽可能宽的轧制力，在测得每一道次的轧制力和轧出厚度后，可用下式求 K_m：

$$(h - S_0)K_m = P - P_0$$

试验时应注意不使轧辊发热，以免影响辊缝值。轧铝板法由于试验条件和实际生产情况最为相近，因此能测得较精确的 K_m 值，同时由于采用不同宽度的铝板进行试验，因此是得到板宽对 K_m 的影响的基本方法。

但这种方法不能经常使用，特别在实际生产中不可能每次换辊后都进行，因此还必须采用第二种方法。

（2）自压靠法。当轧辊接触后继续压下，压下螺杆的行程必将都转化为机座零件的弹性变形，因此如能测出不同压下行程时的预压靠力，即可算出 K_m 值。

由于轧辊开始压靠的点不易测量，可以以某一轧制力值（如 3000kN）为基点，如此时的辊缝值为 S_0'，则在测得各 S_0 和 P 值后用下式计算（回归法）：

$$(S_0 - S_0')K_m = P - 3000$$

自压靠时相当于板宽为轧辊辊身长度，其所测得的 K_m 值可用 K_{m0} 表示。用预压靠法可在每次换辊后，实际测量在此辊径下的 K_{m0} 值。

考虑到轧辊偏心的影响，P_0 和 P 都需多点测量（在相当于轧辊转一周的时间内采样 6~12 次），求其平均值。

B　轧机弹性变形量 S_P 的确定

轧机弹性变形量 S_P 取决于轧制压力 P、预压力 P_0、轧机刚度系数 K_{m0} 和带钢宽度 B 的变化，其计算公式为：

$$S_P = \frac{P\xi}{K_{m0} + \beta(L - B)} - \frac{P_0}{K_{m0}} \qquad (4-5)$$

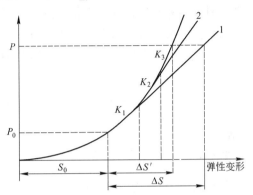

前面分析问题时都是将轧机的弹性曲线看成是线性的，但是实际上它并不是完全的直线关系。为了抵消用直线代替曲线所引起的误差，所以在确定轧机的弹性变形量时必须加以修正。一般是采用折线代替曲线的方法进行修正，如图 4-4 所示，$K_1 < K_2 < K_3$，各段折线刚度系数的平均值要比单一直线的刚度系数 K_1 大，结果就相当于使轧机的弹性变形有所减小（$\Delta S - \Delta S'$），所以，在式（4-5）中乘上一个小于 1 的系数 ξ，其具体数值由实验确定，例如某 1700mm 热连轧轧机采用 $\xi = 0.9$。

图 4-4　轧机弹性曲线
1—单一的弹性线；2—具有平均刚度系数的弹性线

C　油膜厚度 O 的确定

油膜厚度 O 是轧制速度 v 和轧制压力 P 的函数，在热轧生产过程可以使用如下的计算公式：

$$O = K\left(\sqrt{\frac{v_i}{P_i \times R_{si} \times \pi}} - \sqrt{\frac{v_{0i}}{P_{0i} \times R_{si} \times \pi}}\right) \times \sqrt{\frac{R_i}{R_{bi}}}$$

式中　O——轧机油膜厚度，mm；

　　　K——油膜模型的系数；

　　　v_i——轧机速度，m/s；

　　　v_{0i}——轧机的零调速度，m/s；

　　　P_i——轧制力，kN；

　　　P_{0i}——轧机零调时的轧制力，kN；

　　　R_i——工作辊的辊径，mm；

　　　R_{si}——工作辊的标准辊径，mm；

　　　R_{bi}——支持辊的辊径，mm。

D　辊缝零位常数 G

间接测厚法是利用辊缝仪信号来表示轧辊辊隙的，但实际上轧辊直径由于磨损和热膨胀产生缓慢的变动，其结果将使实际辊隙和辊缝仪指示有差异。这种现象可归结为辊缝零位发生了漂移，为此引入了辊缝零位常数 G。

辊缝零位常数确定方法是，利用上一卷带钢在稳定轧制条件时，各机架"实测"出口厚度 h^* 和用间接法算出的厚度 h 之差来求得：

$$G_i = h_i^* - h_i = h_i^* - \left(S_{0i} + \frac{P_i - P_{0i}}{K_m} + S_F + O \right) \tag{4-6}$$

所谓实测厚度 h^* 是指，利用稳定轧制条件时，以 X 射线测厚仪所实测的成品厚度为依据，用秒流量相等法则推算出的各机架出口厚度，由于稳定轧制是指轧件已全部通过各机架，活套动作已基本结束，而厚度控制系统尚未开始工作的状态。因此，秒流量相等法则在一定精度的含义下可以认为是成立的。

考虑到辊缝零位漂移是一缓慢过程，因此可用上一卷带钢所求得的零位常数 G（或 G_0），利用下式求得本卷带钢所用的辊缝零位常数（各个机架都用此形式）：

$$G_{n+1} = G_n + a(G_n^* - G_n)$$

G_n^* 即为 n 根钢用求得的辊缝零位常数，第 $n+1$ 根钢可用 G_{n+1} 作为公式中的辊缝零位常数用于厚度控制系统。

4.2.1.2　辊缝设定计算

利用式（4-4）进行辊缝设定计算：

$$S_0 = h - (S_P + S_F + G + O)$$

4.2.2　粗轧厚度设定

辊缝计算根据弹跳的现象得：

$$h = S + \frac{P - P_0}{K_m}$$

粗轧机组轧机的压下机构一般不具备带负荷压下的能力，因此无法产生足够的预压力 P_0 来消除机座刚度曲线非线性段的影响。但考虑到粗轧轧出厚度大，弹跳占的比重小，对厚度精度要求不严格，因此二辊轧机可用：

$$h = S + \frac{P - P_0}{K_m} + \Delta S$$

ΔS 为刚度曲线的非线性段用直线代替后的补偿项，其值可由刚度试验求得。由辊缝零位不确定性而造成的 ΔS 测量误差，此处忽略不计。

对四辊轧机，其压下机构一般可进行几兆牛［顿］的预压靠：

$$h = S_0' + \frac{P - P_0'}{K_m} + \Delta S_0'$$

式中　P_0'——小预压力（不足以克服非线性段影响），kN；

　　　S_0'——预压力为 P_0' 时拨零位的辊缝仪所示的辊缝值，mm；

　　　$\Delta S_0'$——用小预压力后尚剩余的补偿项，mm。

最后一架四辊轧机，其轧出厚度为精轧的来料厚度，因此对精度有一定要求。

为了解决上述存在的问题，一般有以下两种方法。

（1）加强末架粗轧机的压下机构能力，使其能产生大预压力（和精轧相同），此时则可用：

$$h = S_0 + \frac{P - P_0}{K_m}$$

（2）在粗轧出口处对厚度进行测量，利用测量值 H_{RC}^* 不断校正弹跳方程中的补偿项：

$$\Delta S_0'^* = H_{RC}^* - \left(S_0' + \frac{P - P_0'}{K_m} \right)$$

4.3 带钢热连轧精轧机组中的厚度自动控制

厚度自动控制系统是热连轧精轧机组自动控制中的一个极为重要的组成部分。随着计算机技术的发展，现代化的冷热连轧机都广泛采用直接数字控制计算机（DDC）进行带钢的厚度自动控制，称为 DDC-AGC 系统。它能综合采用多种形式的厚度自动控制系统，以适应不同钢种、规格和工艺参数变化的要求，便于对动态过程中参数的变化进行补偿。

图 4-5 是 DDC-AGC 中采用厚度计式与前馈式厚度自动控制的结构框图。在该系统中还采用了 X 射线厚度偏差监控、速度补偿、宽度补偿、油膜厚度补偿、尾部补偿等措施。

图 4-6 给出了一个具有代表性的 7 机架厚度自动控制系统的结构框图。与大多数传统 AGC 系统类似，该系统的基本控制方式为 GM-AGC 和 X 监控 AGC。为了简单明了把图 4-6 进一步简化，如图 4-7 所示。热带精轧厚度自动控制主要构成叙述如下：

（1）以 GM-AGC 为主构成精轧厚度自动控制系统；

（2）每一架都由 GM-AGC 构成自身反馈（闭式控制）；

（3）每一架 GM-AGC 计算厚度偏差作为下一架的前馈（半闭式控制）；

（4）由闭式控制和半闭式控制组成复式控制系统；

（5）由 GM-AGC 计算的厚度尚不能反映轧辊磨损和轧辊热膨胀的实时变化，为进一步提高控制精度，由 X 射线测厚仪测量精轧出口厚度，用于实时校准 GM-AGC计算厚度，即作为每一架 GM-AGC 的监控。

4.3.1 厚度锁定方法

厚度锁定目前有两种方法。第一种方法是以设定值为目标（绝对 AGC），当轧件轧出后，根据 S_0, P 等反馈实测信号间接计算实测厚度后，与此目标值相比较，如不同，就进行调厚，直到 $\delta h = 0$ 为止。这种方法要求将整个带钢的厚度都调到目标值——设定值。但如果由于空载辊缝设定不当，轧件头部的厚度已经与设定值差得较多的情况下，若一定要求压下系统将带钢厚度调到设定值势必会造成压下系统负荷过大，同时亦将把带钢调成楔形厚差。第二种方法（相对 AGC）即不论带钢

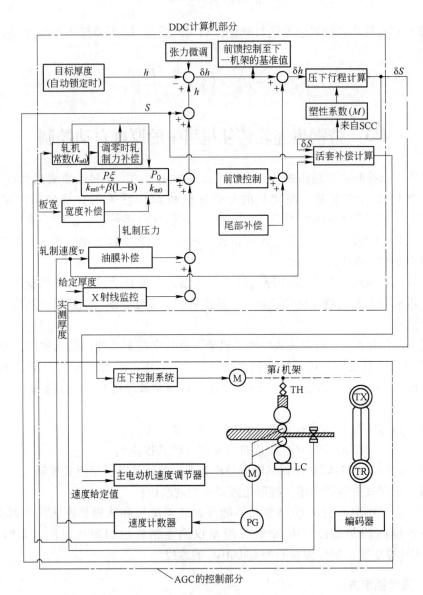

图 4-5 DDC-AGC 系统控制框图

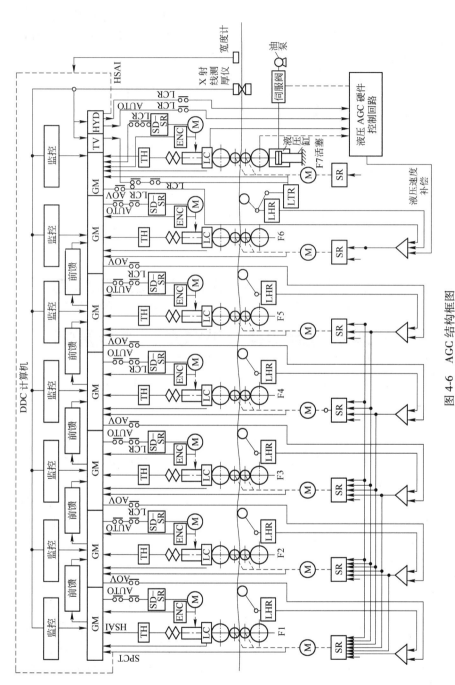

图 4-6 AGC 结构框图

GM—厚度计控制；前馈—前馈控制；监控—X射线监控；TV—张力微调；HYD—液压 AGC 控制；LC—压头；TH—顶帽传感器；SD-SR—压下速度调节器；ENC—编码器；M—电动机；LHR—活套高度调节器；SR—主电动机速度调节器；LTR—活套张力调节器；AUTO—自动工作继电器开关；AOV—电压模拟输出信号；LCR—主回路闭锁继电器；SPCT—速度计数输入信号

头部是否符合设定值，厚度控制系统以头部的实际厚度为标准，即用头部的实测厚度作为目标值。厚度控制系统应使带钢各点的厚度向此值看齐，这样有利于得到厚度均匀的带钢，但此带钢的厚度值不一定符合产品所要求的设定值。新设计的系统往往两种方法都采用，由工人根据情况决定采用哪种方法工作。当选用绝对 AGC 时，如设定误差过大，计算机将自动改用相对 AGC。设定存在误差情况下，两种锁定方式控制效果如图 4-8 所示。

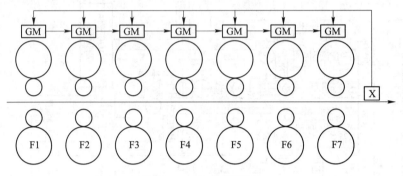

图 4-7　AGC 结构简图

绝对 AGC：头部有可能偏离设定值，除头部外，厚度均匀且满足设定值要求，适合做商品卷

相对 AGC：全长厚度均匀，但全长厚度值都有可能偏离设定值，适合做冷轧卷

图 4-8　设定存在误差情况下两种锁定方式控制效果

锁定可以有以下四种时序：

（1）由操作人员强制锁定，可在任何时间进行；

（2）当操作人员对压下位置进行人工干预后，AGC 系统将自动重新锁定；

（3）当带钢咬入每一机架并延迟 0.5s 后锁定；

（4）当带钢头部到达 X 射线测厚仪，在测得的厚度与要求的成品厚度偏差小于规定范围时锁定，如偏差过大可对 F5 ~ F7 液压压下进行一次性纠偏（快速监控），并重新检测厚度使锁定值能与设定值比较接近。

4.3.2　偏心控制

由于机械加工、装配等原因，不可避免会出现轧辊偏心和轴承偏心，最终导致轧件厚度周期变化，相对于轧件来说，轴承偏心与轧辊偏心会造成同样的厚度偏差效果，为叙述方便统一称为轧辊偏心。轧辊偏心将使轧制力发生周期性波动。

压靠时轧辊偏心造成的轧制力周期波动如图 4-9 所示。显然，轧制力的周期变化非正弦变化，它的主频与支撑辊旋转频率一致。

支撑辊偏心将使轧制力和轧件厚度发生周期性波动，当轧制力最大时，轧件厚度最薄，反之亦然。与一般厚控规律截然相反。偏心与一般厚控对比如图 4-10 所示。

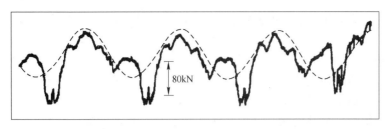

图 4-9　压靠时轧辊偏心造成的轧制力周期波动

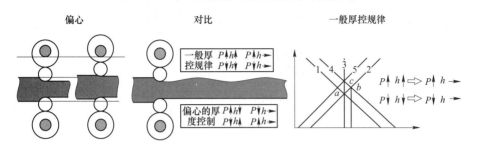

图 4-10　偏心与一般厚控对比

图片：偏心与一般厚控对比

　　过去，由于热轧厚差精度要求较低，对轧辊偏心的影响，是采用数字滤波或死区方法将偏心造成的轧制力波动滤去，然后用于反馈控制。

　　图 4-11 说明了死区法控制回路的工作原理。死区回路输入信号包含周期分量，如图 4-11（a）所示。通常死区设定值比周期分量振幅值稍大一些。死区上下限随着输入信号的变化而上下移动，但死区宽度始终保持不变。

　　当输入信号最大值超过死区上限时，死区上移，死区上限与输入信号最大值相等；反之，当输入信号最小值超过死区下限时，死区下移，死区下限与输入信号最小值相等。死区回路输出信号值等于死区上限和下限的平均值，如图 4-11（b）所示。

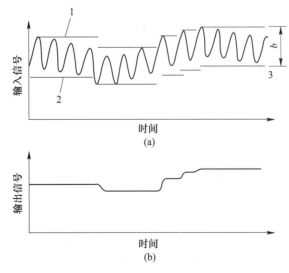

图 4-11　死区法控制原理图

（a）死区回路输入信号；（b）死区回路输出信号

1—死区上限；2—死区下限；3—死区

随着热轧厚差精度要求的提高，人们对热轧轧辊偏心控制研究较多，典型的有以下几种。

（1）轧制力法。如图 4-12 所示，其原理是轧件在轧制过程中设法保持轧制力恒定，辊缝调节器根据实测轧制力信号与轧制力设定值的偏差，通过伺服阀来控制液压压下油缸的进油量，实现辊缝调节。通过保持轧制力的恒定，轧辊偏心对轧件出口厚度的影响将会被消除。这种方法的缺点是当其他影响轧制力的因素出现时，厚度补偿可能会产生误差。为了克服这个缺点，最普通的办法是把出口厚度误差转换为附加轧制力的基准信号，在新的基准上保持轧制力恒定。

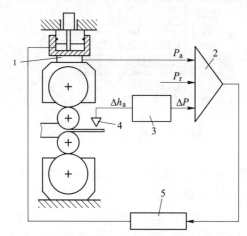

图 4-12　轧制力法控制系统框图
1—负荷传感器；2—辊缝调节器；3—厚度控制器；4—X 射线测厚仪；
5—伺服阀；P_a—实测轧制力；P_r—轧制力设定值

（2）辊缝仪法。如图 4-13 所示，其做法是在工作辊辊颈之间安装辊缝仪，用来测量工作辊偏心和支撑辊偏心合成引起的辊缝变化。比较辊缝仪与安装在液压缸内的位置传感器的位置信号偏差，据此来修正位置控制基准值，克服轧辊偏心的影响。

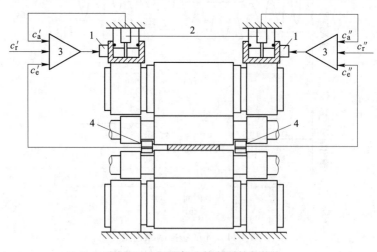

图 4-13　辊缝仪法控制系统框图
1—伺服阀；2—液压缸位置传感器；3—辊缝调节器；4—辊缝仪

（3）数学分析法。如图4-14所示，轧辊偏心使板厚产生周期性的变化，对于任意一个周期性的波，都可用一系列的谐波来叠加，从而通过对各个谐波的分析，来探讨此周期性波的振幅和相位等。采用傅里叶分析工具确定出由轧辊偏心产生的波的振幅和相位，就可用相反波形对其进行修正，取消带钢由偏心产生的波形，可以准确控制由轧辊偏心所产生的波浪，使板厚达到目标精度要求。

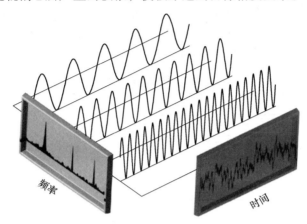

图片：周期性波的谐波分解

图4-14 周期性波的谐波分解

4.3.3 X射线厚度监控及监控量 x_M 的确定

精轧机组厚度自动控制主要以 GM-AGC 为主，虽然考虑了各种补偿因素，但其精度仍旧低于X射线测厚仪。

所谓监控就是在精轧机组最末机架的出口侧，装设精度比较高的测厚仪（如X射线或同位素测厚仪），用来检测成品带钢的厚度偏差 δh，并以适当的增益，把它反馈到各个机架的厚度控制系统中，作适当的压下调整，来控制成品带钢的厚度。在轧制过程中，对 GM-AGC、张力微调和液压 AGC 均可采用监控。其控制原理与用测厚仪测厚的反馈式厚度自动控制原理相同。

进行监控量确定时，应考虑X射线监控量是反映轧辊磨损和热膨胀等随时间而缓慢变化的量，而且计算机是间断采样（即每隔50ms采样一次）。

X射线测厚仪监视控制 x_M 和上一段介绍的辊缝零位常数 G 自学习的区别在于，G 是不断递推，由 n 根钢测得后递推到 $n+1$ 根钢时应用，而 x_M 仅用于本卷钢，当尾部一离开第一机架即停止工作，并将累积的 x_M 值清零（尾部离开第一机架后转入尾部补偿控制）。

4.3.4 速度补偿的计算

速度补偿是当厚度自动控制系统对第 i 机架给出了 δS_i 的调节量的同时，为了保持金属秒流量相等，则对第 $i-1$ 机架的轧辊线速度应给出相应的调节量 $\delta v_{0,(i-1)}$，只有这样才能保证作用于轧件上的张力恒定。

4.3.5 带钢尾部补偿值的计算

当带钢尾部每离开一个机架时，由于后张力消失，必然导致尾部增厚。为了防止尾部增厚的产生，在带钢尾部离开第 $i-1$ 机架时，应增大第 i 机架的压下量，此种方法称作带钢尾部补偿。所谓压尾就是在带钢的尾部多压下一些。

尾部补偿也可以采用"拉尾"的方式，即当带钢尾部离开第 $i-1$ 机架时，降低第 i 机架的速度，使第 i 与第 $i+1$ 机架之间的张力加大。以补偿尾部张力消失的影响。

应该指出，并不是精轧机组各个机架都要进行尾部补偿。压尾机架的选择可以通过操作台上的选择开关来选取，例如 1700mm 七机架的热连轧机精轧机组所选择的压尾机架见表 4-1，而对 F6 和 F7 机架，考虑到此时轧制速度很高，带钢比较薄，尾部厚度差已较小，故不进行尾部补偿。

表 4-1　压尾机架选择

被选机架数目	补偿机架						
	F1	F2	F3	F4	F5	F6	F7
1		√					
2		√	√				
3		√	√	√			
4		√	√	√	√		

4.3.6　自动复位

自动厚度系统是在辊缝设定基础上对头尾厚差进行调节的系统，因此，在带钢尾部轧制时，各机架的辊缝值都已偏离原设定值。为了不影响下一根带钢进入精轧机组，加快辊缝调节的时间，AGC 系统都设有自动复位的功能。为此，在 AGC 系统开始投入工作时，应首先记忆下机架的辊缝设定值，在 AGC 系统工作结束时，应将各机架的辊缝自动恢复到所记忆下的设定值大小，这一功能称为自动复位。

4.4　宽度自动控制 AWC

课件：宽
度控制

由于带钢冷轧阶段无宽展，热轧的精轧阶段宽展很小，宽厚比很大，调节宽度很难。因此，宽度控制的任务主要是在热轧的粗轧阶段完成的。

微课：宽
度控制

4.4.1　板宽变动的原因

（1）板坯宽度波动。由于清理板坯缺陷的影响和连铸坯铸造速度的影响，板坯宽度发生波动。

（2）头尾端失宽。随着立辊轧机宽度压下量的增大，在几十米长的带钢上，头尾部产生五到几十毫米的失宽，如不加以控制，头部轧后宽度沿着轧制方向的变化规律由窄逐渐变宽，尾部是由宽逐渐变窄。

（3）炉轨黑印的影响。在板坯长度方向炉轨黑印（或称水印）处温度低，使立轧效果减小，轧出宽度增大。

（4）精轧机架间张力的影响。由于轧机速度不平衡和活套量变化等干扰的影响，机架间张力发生波动。此外，穿带和抛尾时头尾部分不受机架间张力作用，张力变化会引起宽度的变化。

（5）细颈宽度的变化。带卷头部卷入卷取机卷筒瞬间产生的冲击张力使得变形抗力低的部分（精轧机组出口附近）发生局部变窄。

4.4.2 几种基本的宽度控制方式

宽度自动控制的方式有以下几种基本方式，不同的立辊轧机采用的宽度控制系统是由这几种基本方式的不同组合而成的。

4.4.2.1 短行程控制（SSC）

头尾部失宽量随轧件宽度和轧件侧压下量不同而变化，如图 4-15 所示。

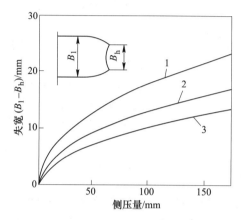

图 4-15 头尾部失宽量与轧件宽度和轧件侧压下量的关系曲线
1—$B_0 = 1600$mm；2—$B_0 = 1200$mm；3—$B_0 = 800$mm

头尾部失宽控制可以采用短行程控制，也可以将头尾部的影响加到宽度控制模型中，进行包含头尾部在内的前馈控制。

短行程控制是在板坯使立辊轧机前热金属检测器接通时，液压调宽缸先将开口度加大，待板坯咬入后按计算机内存储的事前统计好的曲线，将开口度收小，并在尾部到来时，逐步按存储曲线加大开口度。因此，必须对板坯长度进行测量，并对头和尾进行跟踪，以提高程序控制的正确性。有无短行程控制对比如图 4-16 所示。

立辊开口度（随轧出长度增加）的变化曲线是根据到现场统计或模拟所得，并可在实际控制后，在获得粗轧出口测宽仪实测值后进行自学习修正。

4.4.2.2 缩颈补偿功能（CNC）

当带钢头部进入卷取机，建立卷取张力，使得精轧 F7 机架出口处带钢宽度变窄，即出现一"瓶颈"段，为解决这一现象的产生，可以在精轧小立辊处采取一定的措施。由于产生这种现象均在 F7 出口处，位置相对固定，可以根据体积不变原则，预先计算出发生在 F7 出口位置时其在 F1E 处的位置，从而可以在发生缩颈的位置提前将立辊辊缝增大，这样就能有效地避免拉窄现象。这种控制方法称为缩颈补偿。

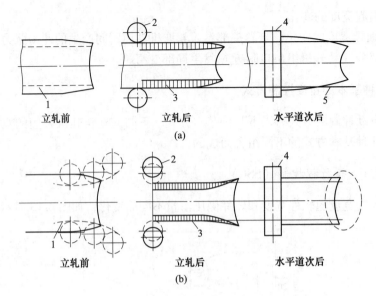

图 4-16   有无短行程控制对比示意图

（a）无短行程控制；（b）有短行程控制

1—立辊开口度；2—立辊；3—带坯边部凸出区域（边部较中间厚）；4—水平辊；5—头尾部失宽

4.4.2.3   前馈 AWC 控制（FF-AWC）

稳定轧制部分（除头尾外的部分）宽度采用前馈 AWC 和反馈 AWC 控制，其原理与前馈 AGC 和轧制力 AGC 相似，不同之处在于：侧压时轧件断面变成狗骨形，在随后的水平轧制时会产生回展，因此控制模型必须考虑狗骨的回展量和在水平轧制时的正常展宽量。

前馈 AWC 属于半闭式控制，对宽度变化较大控制效果较好，如炉轨黑印低温区轧后宽度突然变大，对于这种特点的宽度波动，采用反馈控制效果较差。

某架立辊轧机的前馈 AWC 原理是：根据轧前实测宽度或前一道立辊轧机轧制时由轧制力计算宽度，发现并记住宽度偏差突然增大的位置，在该架立辊轧机轧制到该位置时通过修正立辊开口度对此宽度偏差加以克服，如图 4-17 所示。

4.4.2.4   反馈 AWC（RF-AWC）

采用快速响应的液压压下，有可能实现反馈 AWC。板坯咬入立辊后延迟一段时间（以获得正确的头部轧出宽度信息）后，启动 RF-AWC，RF-AWC 首先对头部侧压轧制力进行测定，并加以锁定，然后根据后续部分轧制力的变化，动态地调节立辊开口度，力求使轧出宽度等于该锁定值。前馈 AWC 和反馈 AWC 配合控制如图 4-18 所示。

某 2050mm 带钢热连轧机粗轧机组有四架立辊轧机，其宽度控制系统在第一架采用了短行程控制，在第二架采用了短行程控制和反馈 AWC，在第三架采用了前馈 AWC 与反馈 AWC 的结合形式。

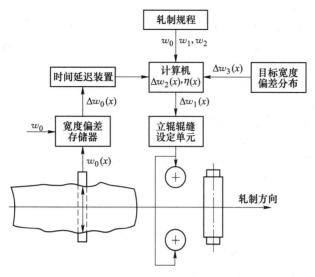

图 4-17　前馈 AWC 控制

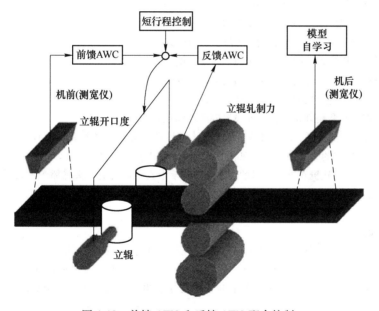

图片：前馈 AWC 和反馈 AWC 配合控制

图 4-18　前馈 AWC 和反馈 AWC 配合控制

复习思考题

1. 填空题

1-1　20 世纪 90 年代到现在，热轧带钢厚度偏差_____μm，全长命中率 99%，宽度偏差_____，全长命中率 95%。

1-2　热带厚度精度可分为：一批同规格带钢的厚度_____和每一条带钢的厚度_____。为此可将厚度精度分解为带钢_____命中率和带钢_____厚度偏差。

1-3　热带头部厚度命中率决定于_____的精度。

1-4　带钢全长厚差则需由 AGC 根据_____厚度（相对 AGC）或根据_____的厚度（绝对 AGC）使全长各点厚度与锁定值或设定值之差小于允许范围，应该说头部精度对 AGC 工作有明显影响。

1-5　可将宽度精度分解为带钢_____宽度偏差和带钢_____宽度偏差。

1-6　头部宽度偏差除了决定于_____，还取决于_____。

1-7　热带粗轧用立辊时为了克服头尾宽度变窄采用_____控制。

1-8　热带轧机弹跳量一般可达_____mm。

1-9　在现场实际操作中，为了消除弹跳方程曲线段的影响，都采用了_____的方法。

1-10　做试验确定轧机刚度的方法有_____和_____。

1-11　带钢尾部补偿可选用的方法为_____或_____。

2. 判断题

2-1　头部宽度偏差除了决定于宽度设定模型的精度外，还取决于变形条件及是否采用短行程控制。　　　　　　　　　　　　　　　　　　　　　　　　　　　　　（　　）

2-2　轧机机座的弹性变形与压力并非呈线性关系，而是在小压力区为曲线，当压力大到一定值以后，压力和变形才近似呈线性关系。　　　　　　　　　　　　　　　　（　　）

2-3　轧机压靠时所测的轧机刚度和实际轧制时的轧机刚度一样大。　　　　　（　　）

2-4　当轧件温度降低时，轧制压力增大，厚度增大。　　　　　　　　　　　（　　）

2-5　当轧件温度降低时，轧制压力增大，厚度减小。　　　　　　　　　　　（　　）

2-6　只存在轧辊偏心时，轧制压力增大，厚度增大。　　　　　　　　　　　（　　）

2-7　只存在轧辊偏心时，轧制压力增大，厚度减小。　　　　　　　　　　　（　　）

2-8　精轧机组各个机架都要进行尾部补偿。　　　　　　　　　　　　　　　（　　）

2-9　热带粗轧和精轧机组都需要设置厚度自动控制系统。　　　　　　　　　（　　）

2-10　当选用绝对 AGC 时，如设定误差过大，计算机将自动改用相对 AGC。　（　　）

2-11　宽度控制的任务主要是在热轧的粗轧阶段完成的。　　　　　　　　　　（　　）

2-12　随着立辊轧机宽度压下量的增大，在几十米长的带钢上，头尾部产生五到几十毫米的失宽，如不加以控制，头部轧后宽度沿着轧制方向的变化规律由窄逐渐变宽，尾部是由宽逐渐变窄。　　　　　　　　　　　　　　　　　　　　　　　　　　　　　（　　）

3. 单选题

3-1　某热带轧机轧制时轧制压力为 2000t，轧机刚度为 500t/mm，轧机的弹跳量为（　　）。

　　A. 1mm　　　　　　　B. 2mm　　　　　　　C. 4mm　　　　　　　D. 6mm

3-1　某热带轧机压靠时 1000t，轧制时轧制压力为 2000t，轧机刚度为 500t/mm，轧机的弹跳量为（　　）。

　　A. 1mm　　　　　　　B. 2mm　　　　　　　C. 4mm　　　　　　　D. 6mm

3-3　稳定轧制是指（　　）。

　　A. 在升速轧制时，高速稳定轧制阶段

　　B. 不带升速轧制的恒定速度轧制

　　C. 轧件已通过各机架，活套动作已基本结束，而厚控系统尚未开始工作的状态

　　D. 轧制操作熟练，不出事故，生产比较稳定

3-4　热带精轧机做精确设定时用公式（　　）。

A. $h = S' + \dfrac{P}{K'_m}$　　　　　　　　　　　B. $h = S_0 + \dfrac{P - P_0}{K_m}$

C. $h = S_0 + S_P + S_F + G + O$　　　　　　D. $h = S_0 + S_P + S_F + G + O + x_m$

3-5 热带精轧机用 GM-AGC 做精确厚控时用公式（　　　）。

A. $h = S' + \dfrac{P}{K'_m}$　　　　　　　　　　B. $h = S_0 + \dfrac{P - P_0}{K_m}$

C. $h = S_0 + S_P + S_F + G + O$　　　　　D. $h = S_0 + S_P + S_F + G + O + x_m$

3-6 用测厚仪测厚的反馈式厚度自动控制属于（　　　）。
A. 开式控制　　　　B. 闭式控制　　　　C. 半闭式控制　　　　D. 复式控制

3-7 厚度计式厚度自动控制属于（　　　）。
A. 开式控制　　　　B. 闭式控制　　　　C. 半闭式控制　　　　D. 复式控制

3-8 前馈式厚度自动控制属于（　　　）。
A. 开式控制　　　　B. 闭式控制　　　　C. 半闭式控制　　　　D. 复式控制

4. 多选题

4-1 与带钢宽度精度有关的是（　　　）。
A. 粗轧区立辊以及 F_E
B. 精轧机组活套起套状态
C. 卷取机由速度控制向张力控制模式的转换
D. 短行程控制

4-2 用弹跳方程间接测量厚度时精度不很高，其原因是（　　　）。
A. 公式中未考虑热膨胀和磨损的影响
B. 油膜厚度的变化影响辊缝的精度
C. 当辊系被加上弯辊力后将影响出口厚度
D. 压靠时测量的轧机刚度与实际轧制时的轧机刚度不同

4-3 油膜厚度的变化规律是（　　　）。
A. 轧制速度增加，油膜厚度变厚
B. 轧制速度增加，油膜厚度变薄
C. 轧制压力增加，油膜厚度变厚
D. 轧制压力增加，油膜厚度变薄

4-4 在公式 $h = S_0 + S_P + S_F + G + O + x_m$ 中表示热膨胀和磨损的影响的有（　　　）。
A. S_F　　　　　B. G　　　　　C. O　　　　　D. x_m

5. 名词解释题

5-1 辊缝零位常数 G。

5-2 X 射线测厚仪监视控制。

5-3 自动复位。

5-4 轧机的短行程控制。

6. 简答题

6-1 热带厚度精度如何分类？

6-2 热带厚度精度如何分类及如何保证？

6-3 热带宽度精度如何分类？

6-4 控制带钢全长宽度偏差需要在哪几方面着手？

6-5 用弹跳方程表示轧件厚度时精度不很高，其原因是什么？

6-6 指出下列公式中各项的含义。
$$h = S_0 + S_P + S_F + G + O + x_m$$

6-7 指出下列公式中 $K_{m0} + \beta(L - B)$ 项的含义。

$$S_P = \frac{P\xi}{K_{m0} + \beta(L - B)} - \frac{P_0}{K_{m0}}$$

6-8　油膜厚度在轧制过程中如何变化？

6-9　简述厚度锁定的两种最常用方法。

6-10　热连轧带钢精轧机组厚度自动控制的构成是怎样的？

6-11　简述 X 射线测厚仪监视控制 x_M 和辊缝零位常数 G 自学习的区别。

6-12　带钢尾部为什么会出现增厚，有哪些方法可以对尾部补偿？

6-13　热带轧制时，板带宽度为什么会发生波动？

5 张 力 控 制

5.1 概　述

保证连轧过程正常进行的条件是秒流量相等。若秒流量不等会引起机架间轧件上的张力波动，张力增大，产生拉钢，甚至拉窄或拉断；又或者张力减小，造成失张，甚至堆钢。

从理想的稳定轧制来说，应使各机架的秒流量从一开始连轧就完全相等，以实现无张力轧制。但是，在实际轧制过程中影响机架间张力的工艺参数有很多（如压下量、轧制压力、轧制力矩、轧制速度和前滑等），不可能完全做到绝对无张力轧制。实践表明，张力的变化又对工艺参数产生相互的影响作用，例如在相邻的 Fi 和 $F(i+1)$ 机架之间轧件上的张力因某种原因有所波动，此张力的波动会使 Fi 和 $F(i+1)$ 机架上的轧制压力、力矩、前滑、速度等发生变化，同时还会影响到机组的其他机架工艺参数的变化。

如图 5-1 所示，设定时，Fi 机架秒流量较 $F(i+1)$ 机架小，机架间轧件上的张力会有所增加，此张力的波动不仅会使 $F(i+1)$ 机架上的轧制压力减小、力矩增大、前滑减小、速度降低，而且还会使 Fi 机架上的轧制压力减小、力矩减小、速度提高、前滑增大；在此作用下，$Fi+1$ 机架上秒流量有减小趋势，Fi 机架上秒流量有增加趋势，即机架间秒流量差值在减小，张力和轧制参数相互影响。

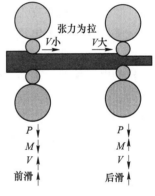

在连轧过程中张力的这种相互传递的影响作用，可以说是"牵一发而动全身"，是极其活跃的因素，所以张力的问题是连轧中的核心问题之一。

图 5-1　张力与工艺参数的相互影响

图片：张力与工艺参数的相互影响

5.2　张力的作用

课件：张力的作用

张力轧制具有以下作用。

（1）自动地、及时地防止轧件跑偏。

（2）在连轧机平衡状态遭到一定程度破坏时，依靠张力自动调节作用，使连轧机恢复平衡状态。

（3）减轻轧制时轧件三向受压状态，降低轧制压力和变形功，有利于轧件进一步减薄。

（4）带钢横向张应力分布变化与其横向延伸分布变化的相互作用，使横向延伸分布均匀，使板形得到改善。

微课：张
力的作用

（5）前张力可以使主电动机负荷减小，后张力使主电动机负荷增大，张力在连轧机各个机架间起到了传递能量的作用，张力越大，这种传递能量的作用就越明显。由于张力轧制的种种优点，冷连轧机需要采用大张力轧制。对于热连轧而言，从工艺要求和轧机控制方便的角度考虑，希望采取无张力轧制，但实际生产中，往往不得不采用微张力轧制。

5.3　无活套微张力控制

课件：无
活套微张
力控制

对于带钢连轧机的粗轧机组，由于带坯较厚，难以弯曲，无法采用活套支持器，一般采用微张力轧制。近年来，由于节能而有加大精轧来料厚度的趋向，精轧头二三机架亦有采用无活套控制，亦即采用微张力控制方案，而精轧的其他机架仍采用活套恒定小张力控制。

微张力控制的思想与有活套的小张力控制思想差别较大。微张力控制的关键，不仅在于如何控制，而更在于如何检测张力。如果能较准确检测出张力，并能保证一定精度，张力控制精度就较容易保证。

微课：无
活套微张
力控制

双机架微张力控制采用头部信号记忆法来实现，最早的方案是采用头部电流记忆法，也就是当轧件咬入第一架而尚未咬入第二架时对第一架主电机电流进行多次采样求平均值（头部电流），这一电流值反映了无张力状态下的轧制力矩。当带钢咬入第二架后，继续对第一架主电机电流连续采样，并以头部电流为基准值求出每次采样的电流偏差，对第一架速度进行控制，使此偏差为零或小于规定值，以达到无张力或微张力控制。电流记忆法简单易行，但其最大缺点是，由于影响电流的不仅有张力，还有轧件温度，当温度头尾有变动时，可能产生对张力的误控。

双机架连轧微张力控制的改进方案为采用头部力臂记忆（轧制力轧制力矩比记忆）的方法。由于张力对轧制力及轧制力矩影响不同，而温度对轧制力及轧制力矩影响基本相同，因此采用轧制力轧制力矩比法可消除温度波动对张力控制的影响。

5.4　热连轧机的活套张力控制系统

5.4.1　精轧机组连轧的基本过程

课件：精
轧机组张
力控制

轧件在精轧机组中的轧制过程一般是按咬钢、形成连轧、建立连轧张力、稳定连轧、甩尾抛钢的顺序进行。但是概括起来基本分为三个阶段，即咬入阶段、张力连轧阶段和甩尾抛钢阶段。

5.4.1.1　连轧过程中轧件的咬入阶段

咬入阶段主要是指带钢头部被轧辊咬入开始，一直到带钢在机架之间建立张力之前的阶段。在整个连轧过程中，这段时间很短，约为 1s。轧件在此阶段有以下几个特点：轧件在咬入阶段受到轧件冲击载荷作用之后，轧机会产生动态速降；由于有动态速度降导致产生一定的活套量；并且此活套量在规定的范围内还会随活套支持器的摆角而变化。

A　动态速度降的产生

当轧机空载时以空载转速 n_0 运行，有负载时转速会降低。轧机受静载荷作用，所产生的速度降称为静态速度降，用 Δn_c 表示。轧机受轧件的冲击载荷作用所产生的速度降称为动态速度降，用 Δn_d 表示。

轧机的动态速度降，如图 5-2 所示。动态速度降一般为其最高速度的 2%～3%。

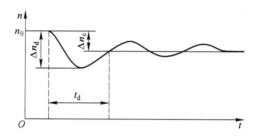

微课：精轧机组张力控制

图 5-2　在冲击载荷作用下电动机的速度变化情况

Δn_d—动态速降；Δn_c—静态速降；t_d—动态速降恢复时间

B　活套量的形成

当带钢被轧辊咬入时，由于轧机有一定的动态速降，结果产生了 $v_{(i+1),入}<v_{i,出}$ 现象，由于动态速降的恢复需一定的时间，一般为 0.3～0.5s，因而在 i 和 $i+1$ 机架之间便形成了一定的活套量，用 Δl_d 表示。当动态速降恢复之后，若 i 与 $i+1$ 机架的秒流量相等，套量达到稳定。

现代化精轧机组机架之间的活套一般都很小，为 30～50mm，可以说微套量小张力连轧是当代宽带钢热连轧很重要的一个特点之一。

C　活套与活套辊摆角的关系

活套支持器是在连轧过程中支持活套的装置。图 5-3 是活套支持器的活套辊工作原理图，活套辊的上辊面与轧制线相切时所形成的角度称为活套辊的机械零位角，用 θ_0 表示；活套高度调节器投入工作时的角度称为活套辊的工作零位角，一般为 20°～25°；活套辊工作时的摆角一般为 30°～35°；换轧机的工作辊时为了操作方便活套辊应升起，其摆角用 θ' 表示。活套辊摆角的具体数值是随活套支持器的结构和工艺而定。

活套支持器的活套辊升起之后，支持所产生的活套，给予活套以正确的形状，并保证连轧过程稳定进行。当带钢在机架之间有张力作用时，还可以借助活套辊进行张力值的控制，或者在给定张力情况下对活套尺寸进行一定的调节。

由于与主传动闭环的活套调节器，只有当活套辊的摆角超过工作零位角时才投入工作，所以把活套辊摆角略超过正常工作零位角的状态称为正常工作状态。

若以活套辊升至工作零位角所对应的活套量用 Δl_0 表示（例如 1700mm 热连轧

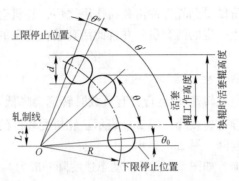

图 5-3　活套支持器的活套辊工作原理图

R—活套辊臂长；d—活套辊直径；θ_0—机械零位角；θ—活套辊工作角；θ'—换辊时活套辊摆角；

θ''—活套辊最大高度至上限位置的角度；L_2—活套支持器转动中心至轧制线距离

机的 Δl_0 为 $18 \sim 20\text{mm}$)。一般需做到 $\Delta l_d > \Delta l_0$，即活套辊摆角 θ 被升至略超过正常工作零位之后才绷紧带钢。

假若其活套量再增加，有可能使活套辊升至最高位置仍绷不紧带钢，结果延迟了进入小张力连轧的时间，这也是我们所不希望的。为了保证在连轧过程中能按微套量小张力进行连轧，所以对于电动机的速度设定和压下辊缝的设定，应尽量准确，一般希望其设定误差小于 1% 或 0.5% 为宜。

为解决快速升套过程中因活套高速撞击带钢而使带钢头部宽度和厚度变小的问题，可以采用起套软接触技术。在升套初始阶段，活套以最大速度起套，活套迅速上升；在活套角度上升到设定角度以前就切换到力矩控制方式，但不使用全额力矩给定，使用 $1/2$ 给定力矩，然后缓慢递增到设定力矩，活套臂上升趋势变缓，活套摆动动量变小，从而避免了活套与带钢接触时活套撞击带钢，实现活套与带钢的软接触。

5.4.1.2　小张力连轧阶段

它是指带钢被轧辊完全咬入之后，并在机架之间已建立起小张力，而已处于稳定连续轧制的阶段。该阶段所占的时间，约为整个连轧时间的 95% 以上。此阶段活套辊的摆角 θ 在活套高度调节器的作用下，便在所规定的工作零位角与最大工作角之间进行波动。

5.4.1.3　甩尾抛钢阶段

在带钢尾部离开连轧机架前，活套辊应降至机械零位，以免翘起的带钢尾部高速甩出，发生叠轧事故等。落套信号由上游机架的负荷继电器或上游机架前面的热金属检测器的检测信号经延时后给出，活套电动机反转落套，亦可由活套辊及带钢自重作为落套动力。

为防止落套时活套架的冲击和反弹，可以采用落套定位控制，实现落套的"软着陆"。

在高速带钢热连轧机上还设有小套工作制，即将活套辊先自正常工作角降至小套位置（由主传动调速完成），然后再落至机械零位。

5.4.2 活套高度的设定

活套高度的设定采用自动或半自动方式。对不同的连轧机其活套高度的目标值各不相同，表5-1是1700mm热连轧机精轧机组活套高度的目标值。

表5-1 1700mm热连轧机的活套支持器高度标准

成品带钢厚度 /mm	活套高度 $\theta/(°)$					
	F1～F2	F2～F3	F3～F4	F4～F5	F5～F6	F6～F7
$1.2 \leqslant h \leqslant 3.0$	21	21	20	18	20	21
$3.0 < h \leqslant 7.0$	22	22	22	22	22	22
$7.0 < h \leqslant 10.0$	22	22	22	22	22	22
$10.0 < h \leqslant 12.7$	23	23	23	25	25	25

5.4.3 张力的设定

带钢热连轧机采用的张应力水平应小于轧件高温变形强度的10%，因此带钢所受张应力水平是按带钢的流向而逐渐增加的。据在某带钢热连轧机上所做的张力试验表明，在带钢热连轧机的粗轧机上，机架间带钢单位面积上所受的张力值若超过4.9MPa，带钢将出现被拉窄的现象，而在精轧机组上，当张应力达到或超过17MPa时，带钢将产生缩颈现象。

为了避免带钢在轧制过程中出现缩颈现象，保证良好的板形，一般将作用在精轧机架间带钢所受张应力值限制在1.47～6.8MPa范围内，否则将影响成品质量。

一般精轧最后两架间的张力水平在5.8～6.8MPa。

5.5 卷取机张力控制

课件：卷取机张力控制

从轧制生产的实际情况来看，卷取机张力控制方法一般可分为间接法和直接法两种，但绝大多数是采用间接法进行张力控制。

5.5.1 间接法控制张力的基本原理

微课：卷取机张力控制

电动机的转矩为：

$$M_D = C_M \Phi I_a = \frac{TD}{2i} + M_0 \pm M_d \qquad (5-1)$$

式中　M_D——电动机的转矩，kN·m；

　　　M_0——空载转矩，kN·m；

　　　M_d——加减速时所需的动态转矩（加速时取"+"号，减速时取"-"号），kN·m；

　　　T——张力，kN；

　　　D——钢卷的直径，m；

i——减速比；

Φ——电动机的磁通量；

I_a——电动机电枢电流，A；

C_M——电动机的转矩常数。

在恒速卷取时 $M_d = 0$，考虑空载转矩较小，并忽略不计，于是张力为：

$$T = 2C_M i \frac{\Phi I_a}{D} = K_m \frac{\Phi I_a}{D} \tag{5-2}$$

由式（5-2）可知，要维持张力 T 恒定有两种方法：一是维持 $I_a =$ 常数和 $\Phi/D =$ 常数；二是使 I_a 正比于 Φ/D 而变化。

5.5.1.1　维持 I_a 和 Φ/D 恒定来使张力恒定

该种张力控制系统由两个独立的部分组成：

（1）电枢电流控制部分，它是通过调节电动机电枢电压来维持 I_a 恒定；

（2）磁场控制部分，它是通过调节电动机的励磁电流，使磁通 Φ 随着钢卷直径 D 成正比例变化，从而使 Φ/D 的比值保持恒定。

此种间接法控制张力的优点是：$I \propto T$ 和 $\Phi \propto D$，控制起来比较直观。而它的缺点是：只要不在最大卷径情况下，不论是高速还是低速，电动机都处于弱磁工作状态，所以电动机转矩得不到充分利用；由于 $\Phi \propto D$，所以电动机的弱磁倍数也就等于卷径变化的倍数，当卷径变化倍数大时，要求电动机弱磁倍数也要大，于是使得电动机体积增大；这种控制方法要求按最高工作速度 v_{max} 和最大张力 T_{max} 的乘积来选择电动机的功率，即 $P_e = v_{max} \cdot T_{max}$，但是实际上此两者并不是同时出现，而一般高速时钢带薄，要求张力小，因此电动机的功率也不能得到充分利用。为了合理地使用电动机的功率，于是又有按最大转矩原则进行张力恒定的控制。

5.5.1.2　使 I_a 正比于 D/Φ 来实现张力恒定

此种方法又称为最大转矩法。根据 $n = (U - I_a R_a)/C_e \Phi$ 的关系，在基速以下时，电动机按满磁工作；而在基速以上时通过调节 Φ，使电动机在弱磁状态下工作。

此种控制系统，不论卷径大小，基速以下电动机均满磁工作，因此便可以合理地利用电动机的功率。由于弱磁倍数与卷径 D 无关，故可以选用弱磁倍数小的电动机。它的缺点是电枢电流与张力无对应关系，若无张力计显示张力值，操作人员便难以知道此时张力究竟是多少。

此外，在某些小功率的简单系统中，没有调磁部分，往往希望电动机恒磁工作。由于 $\Phi =$ 常数，于是只要使 $I_a \propto D$，来实现张力恒定的控制。

5.5.2　直接法控制张力的基本原理

直接法控制张力一般有两种：一是利用张力计测量实际的张力，并将它作为张力反馈信号，使张力达到恒定；二是利用活套建立张力，由活套位置发送器给出信号，改变卷取机的速度，维持活套大小不变，从而控制张力恒定。

除了单独采用间接法和直接法控制张力之外，也有采用直接法和间接法混合控制张力的系统，即在简单的间接张力控制系统的基础上，再加入直接张力控制系统作为张力的细调。

复习思考题

1. 填空题

1-1　在相邻的 Fi 和 $F(i+1)$ 机架之间轧件上的张力因某种原因有所增加，此张力的波动不仅会使 $F(i+1)$ 机架上的轧制压力_____、力矩_____、前滑_____、速度_____；而且还会使 Fi 机架上的轧制压力_____、力矩_____、速度_____、前滑_____。

1-2　双机架微张力控制最早的方案是采用_____。

1-3　双机架连轧微张力控制的改进方案为_____。

1-4　轧件在精轧机组中的轧制过程概括起来基本分为三个阶段：_____、_____和_____。

1-5　卷取机张力控制方法一般可分为_____和_____两种。

2. 判断题

2-1　对于带钢连轧机的粗轧机组，由于带坯较厚，难以弯曲，无法采用活套支持器，一般采用微张力轧制。　　　　　　　　　　　　　　　　　　（　　）

2-2　近年来，由于节能而有加大精轧来料厚度的趋向，精轧头二三机架亦有采用无活套控制，亦即采用微张力控制方案，而精轧的其他机架仍采用活套恒定小张力控制。（　　）

2-3　微张力控制的关键，不仅在于如何控制，而更在于如何检测张力。　（　　）

2-4　热轧粗轧双机架连轧微张力控制的改进方案为，采用头部力臂记忆（轧制力轧制力矩比记忆）的方法。　　　　　　　　　　　　　　　　　　　　（　　）

2-5　带钢热连轧机采用的张应力水平应小于轧件高温变形强度的 10%，因此带钢所受张应力水平是按带钢的流向而逐渐增加的。　　　　　　　　　　　　（　　）

2-6　带钢热连轧机采用的张应力水平应小于 $(0.3 \sim 0.5)\sigma_s$。　　　　（　　）

3. 单选题

3-1　相邻两机架之间轧件上的张力增加时，会发生（　　）。
　　A. 两架轧制压力都减小　　　　B. 两架力矩都增大
　　C. 两架前滑都减小　　　　　　D. 两架速度都降低

3-2　带钢热连轧机采用的张应力水平应小于轧件高温变形强度的百分数为（　　）。
　　A. 5%　　　　　B. 10%　　　　　C. 15%　　　　　D. 20%

3-3　轧机在动载荷作用下其动态速度降一般为其最高速度的（　　）。
　　A. 1%～2%　　　B. 2%～3%　　　C. 3%～4%　　　D. 4%～5%

3-4　活套高度调节器投入工作时的角度称为活套辊的工作零位角，其角度一般为（　　）。
　　A. 10～15　　　B. 15～20　　　C. 20～25　　　D. 25～30

3-5　活套辊工作时的摆角一般为（　　）。
　　A. 15～20　　　B. 20～25　　　C. 25～30　　　D、30～35

4. 多选题

4-1　热带 3/4 连续式采用无活套微张力控制的机组或设备是（　　）。
　　A. 热带 3/4 连续式 R3～R4 之间　　B. 精轧机组头二三机架
　　C. 精轧机组　　　　　　　　　　　D. 精轧机与卷取机之间

4-2　热带 3/4 连续式要求采用恒定小张力的机组或设备是（　　）。

A. 热带 3/4 连续式 R3~R4 之间　　B. 精轧机组

C. 精轧机与卷取机之间　　D. 万能轧机的立辊与水平轧机之间

5. 名词解释题

5-1　轧机的动态速度降。

5-2　活套辊的机械零位角。

5-3　活套辊的工作零位角。

5-4　起套软接触技术。

6. 简答题

6-1　分析相邻两架间张力变化对轧制压力、力矩、前滑、速度的影响。

6-2　张力轧制有哪些作用？

6-3　什么是电流记忆法，如何使用？

6-4　什么是力臂记忆法，如何使用？

6-5　热连轧带钢活套是怎样形成的？

6-6　什么是最大转矩法？

6-7　维持卷取张力恒定的两种方法。

6-8　3/4 热连轧带钢生产中粗轧、精轧、卷取三部分的张力如何控制，填写表 5-2。

表 5-2　题 6-8 表

项目	粗轧	精轧	卷取
控制目标			
采用手段			

6 速度控制

6.1 可逆粗轧机速度控制

6.1.1 速度控制方式

根据工艺要求，可逆粗轧机一般进行 3~5 道次轧制。其控制方式有自动、半自动和手动控制三种。操作工可在 HMI 上或操作台上选择所采用的控制方式。

6.1.1.1 手动控制

手动方式为完全人工手动操作，单动工作状态。当操作工操作粗轧机"正转/反转"主令开关时，仅主轧机根据主机速度选择开关选择的某一档的速度值转动。手动控制的速度一般有高速、低速和爬行三挡。

6.1.1.2 自动或半自动控制

当粗轧区各种连锁条件都满足后，选择自动或半自动控制，此时每块钢的轧制道次数及各道次的咬钢速度、轧制速度及抛钢速度设定值由过程机或 HMI 上设定。

6.1.2 粗轧机速度图

粗轧机的速度控制，如图 6-1 所示。在不同时刻送出粗轧机的速度设定值。在钢坯还未到来时，轧机以空转速度（等待速度）运行；当钢坯使粗轧机前的热金属检测器 HMD ON 时，粗轧机开始以咬钢速度运转，准备把钢材咬入；当钢材咬入粗轧机时，此时设立两个软件定时器，一个是开始加速定时器设为 T_{a1}，一个是开始减速定时器设为 T_{d1}。开始加速定时器所设的时间很短，当粗轧机负荷继电器信号 ON 即粗轧机咬入钢坯延时 T_{a1} 后升速至轧制速度运行。开始减速定时器设置的目的是保证在钢材尾部离开粗轧机时，其速度恰好等于抛钢速度，当开始减速定时器时间到时，送出抛钢速度直至抛钢。当粗轧机负荷继电器信号 OFF 时，粗轧机减速为零。然后立即进行粗轧机 APC 和粗轧机前后推床 APC 定位控制，在 APC 定位完成后，粗轧机准备偶道次反向轧制并升速至反向咬钢速度且以此速度运转，当钢材从反方向又进入粗轧机时，为反方向设立 T_{a2} 和 T_{d2}（每道次二者数值不同），当钢材在反方向离开粗轧机时，粗轧机压下 APC 完成，粗轧机前后推床 APC 完成，此时粗轧机又进行正方向轧制，情况又和第一道次一样，如此循环。

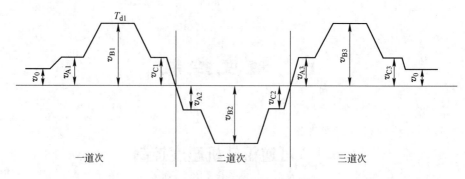

图 6-1　可逆粗轧机轧制速度曲线

v_0—轧机空转速度（等待速度）；v_{Ai}—第 i 道次咬钢速度；v_{Bi}—第 i 道次轧制速度；v_{Ci}—第 i 道次抛钢速度

在钢坯长度较短时，可能轧机在还未升速到设定的轧制速度 v_{Bi} 时，就需要进行减速了。此时，图 6-1 中的第一道次速度曲线应该呈三角形。

6.2　带有升速轧制的精轧机速度控制

现代精轧机组通常由直流或交流电动机进行驱动。根据轧制品种的需要，每架轧机可选为轧制或空过。在实际轧制过程中，轧机按照规定的速度匹配关系，轧制不同规格的带钢。

在连轧机上，为了保持正常的连轧关系，需根据各机架轧件出口厚度 h_i 的分配正确配置各机架轧件的出口速度 v_i，即热连轧机各机架轧件的出口速度是根据秒流量相等的原则并考虑前滑的影响而确定的。一般根据允许的轧制条件（如电动机的功率、轧件在输出辊道输送的速度、卷取机的咬入速度以及终轧温度等）先确定精轧机组末架的最大出口速度（轧制速度），然后确定带钢热连轧机精轧机组各机架轧件的出口线速度。

随着生产技术的发展，自动化技术的应用，带钢热连轧机的轧制速度得到很大的提高，轧制速度已达到 30m/s，为了保证轧件顺利咬入和带钢在输出辊道上稳定行走以及不给卷取机的咬入带来困难，在现代带钢热连轧机精轧机组上一般采用升速轧制的方法即开始以 10m/s 左右的低速进行轧制，待卷取机将带钢头部咬入并卷上两卷之后，精轧机组和卷取机同步加速到正常轧制速度。某 1700mm 带钢热连轧机精轧速度，如图 6-2 所示，共分六段，现分别简述如下。

（1）第 1 段为穿带速度 v_{ch}。带钢进入 F1～F7 机架，直到其头部离开距 F7 机架 50m 以内即第一加速度之前，带钢保持在穿带速度下运行。为保持各机架金属秒流量相等的关系，穿带速度随着各机架轧件出口厚度的减少而升高，因此精轧机组各个机架的穿带速度（轧件出口线速度）随着轧制的流向而逐渐增加，末架最大。通常所说的连轧机的轧制速度，就是指精轧机组末架带钢出口线速度。由于加热炉加热能力的限制，穿带速度还随着带钢成品厚度的增加而降低；穿带速度受咬入条件的限制，一般最高为 10m/s。该套轧机末架的标准穿带速度在成品厚度小于 4.0mm 时为 10m/s，而当成品厚度为 12.7mm 时为 4m/s。表 6-1 为该套轧机生产不同产品

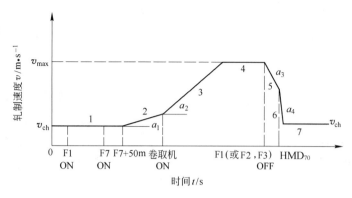

图 6-2 某 1700mm 带钢热连轧机精轧机组主机速度图

的（普通碳素钢、低合金钢）末架标准穿带速度。生产硅钢时，穿带速度的大小随着钢种（即钢的化学成品）不同而异。表 6-2 为该套轧机生产不同品种的硅钢时末架标准穿带速度。

表 6-1　生产普通碳素钢、低合金钢时末架标准穿带速度

成品厚度 h/mm	标准穿带速度 v_{ch}/m·s^{-1}	成品厚度 h/mm	标准穿带速度 v_{ch}/m·s^{-1}
1.2	10	3.9	10
1.4	10	4.5	9.1
1.6	10	5.2	7.3
1.9	10	6.0	6.5
2.2	10	7.0	5.75
2.5	10	8.2	5.4
2.9	10	9.5	4.75
3.4	10	12.7	4

表 6-2　生产硅钢时末架标准穿带速度

钢　种	标准穿带速度 v_{ch}/m·s^{-1}	钢　种	标准穿带速度 v_{ch}/m·s^{-1}
D20	10.17	D60	9.17
D30	10.17	D70	6.67
D40	10.17	D80	5.83
D50	10.17	D90	4.17

（2）第 2 段为第一加速度段。其加速度 a_1，设计值为 0.4m/s^2，实际为 0.05~0.1m/s^2。

当带钢的头部到达距精轧机组末架出口 50m 处，即热金属检测器 HMD$_{70}$ 接通时开始第一加速度，直到带钢的头部被卷取机卷上两卷为止。采用较低的第一加速度既保证了带钢在输出辊道上运送的稳定性，又保证了带钢被卷取机顺利咬入。带钢在输出辊道上行走的速度一般在 12m/s 以下，否则就会"飘浮"起来，不便于输送。卷取机的咬入速度一般在 12m/s 以下，该套轧机卷取机的咬入速度为 12m/s。因此，第一加速度 a_1 的值受到带钢在输出辊道上的运输稳定性及卷取机的咬入条件的限制。

因为在距离精轧机组出口 50m 处，辊道两侧布置有测厚仪、测宽仪、测温仪等精密仪器设备，而且这些仪器设备装设在两个辊子之间，辊子间距较大，带钢输送的稳定性较差。如果在该段距离内进行加速轧制，带钢的头部就有可能"飘浮"起来，有可能打坏仪器设备。同时由于轧机加速，带钢在辊道上输送不稳定而产生振动，仪器的检测精度受影响。因此，规定在带钢头部离开精轧机组末架（F7）50m（HMD_{70}）处的地方开始第一加速度。

（3）第 3 段为第二加速度段。其加速度 a_2 设计值为 0.92m/s^2，实际值为 0.05~0.2m/s^2。

带钢头部被咬入卷取机并卷上两圈之后，开始第二加速度，直至达到预定的最高轧制速度。此加速度主要为补偿带钢长度方向的温降，使终轧温度均匀一致，同时可以充分发挥轧机的生产能力，提高产量。

（4）第 4 段为最高轧制速度的稳定段。从带钢达到最高的轧制速度起到带钢尾部离开开始减速的机架为止，带钢维持在最高的轧制速度下进行轧制。其设计值为 23.3m/s，实际为 20m/s。最高轧制速度值取决于要求的终轧温度，精轧机组主电动机所能供给的最大轧制功率以及输出辊道的冷却能力（保证要求的卷取温度）。同时还随带钢成品厚度的增加而减小。速度值的设定一般由计算机来完成，但也可在 HMI 上设定。表 6-3、表 6-4 为该套轧机最高轧制速度初始设定值。

表 6-3　生产普通碳素钢时的加速度（a_1、a_2）、最大轧制速度初始设定值

带钢成品厚度 h/mm	第一加速度 a_1/m·s^{-2}	第二加速度 a_2/m·s^{-2}	最高轧制速度 v_h/m·s^{-1}
$1.2 \leqslant h < 1.4$	0.07	0.20	20
$1.4 \leqslant h < 1.6$	0.07	0.20	20
$1.6 \leqslant h < 1.9$	0.10	0.20	20
$1.9 \leqslant h < 2.2$	0.10	0.20	20
$2.2 \leqslant h < 2.5$	0.10	0.17	20
$2.5 \leqslant h < 2.9$	0.07	0.15	20
$2.9 \leqslant h < 3.4$	0.07	0.13	20
$3.4 \leqslant h < 3.9$	0.05	0.10	18.3
$3.9 \leqslant h < 4.5$	0.05	0.10	16.7
$4.5 \leqslant h < 5.2$	0.05	0.10	10.0
$5.2 \leqslant h < 6.0$	0.05	0.10	10.0
$6.0 \leqslant h < 7.0$	0.05	0.10	7.5
$7.0 \leqslant h < 8.2$	0.05	0.10	7.5
$8.2 \leqslant h < 9.5$	0	0	5.8
$9.5 \leqslant h < 11.0$	0	0	5.8
$11.0 \leqslant h < 12.7$	0	0	5.8

表 6-4 生产硅钢时的加速度（a_1、a_2）、最大轧制速度初始设定值

钢 种	第一加速度 $a_1/\mathrm{m} \cdot \mathrm{s}^{-2}$	第二加速度 $a_2/\mathrm{m} \cdot \mathrm{s}^{-2}$	最高轧制速度 $v_\mathrm{h}/\mathrm{m} \cdot \mathrm{s}^{-1}$
$X<\mathrm{D}20$	0.08	0.22	18
$\mathrm{D}20 \leqslant X<\mathrm{D}30$	0.08	0.22	17.8
$\mathrm{D}30 \leqslant X<\mathrm{D}40$	0.08	0.22	17.8
$\mathrm{D}40 \leqslant X<\mathrm{D}50$	0.08	0.17	17.5
$\mathrm{D}50 \leqslant X<\mathrm{D}60$	0.08	0.15	17.3
$\mathrm{D}60 \leqslant X<\mathrm{D}70$	0.07	0.12	17.2
$\mathrm{D}70 \leqslant X<\mathrm{D}80$	0.07	0.12	17.0
$\mathrm{D}80 \leqslant X$	0.07	0.12	16.8

在本轧制速度段内，因速度不变，带钢的塑性变形热不变。其终轧温度靠控制机架间的冷却水量来调整，难以维持恒定不变。因此有的带钢热连轧机为了保证带钢沿长度方向终轧温度均匀一致，不采用最高恒速轧制段，而在第二加速度还没有升到最高点时就开始减速。但这种速度制度对提高轧机的生产能力不利。因此，有的带钢热连轧厂如日本大分厂，两种轧制速度方式都采用，一般无最高恒速部分，如图 6-3 实线所示，只有当带钢的长度比较长时才采用最高恒速段，如图 6-3 虚线部分。

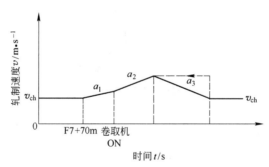

图 6-3 某带钢热连轧机轧制速度图

该套轧机为了充分发挥轧机的生产能力，确保 300 万吨/年的产量，采用最高恒速轧制部分的轧制速度方式。本套轧机最高轧制速度设定值为 23m/s，实际上为 20m/s；而日本大分厂热连轧机最高轧制速度设定值为 27m/s，实际为 23m/s，所以日本大分厂采用终轧温度恒定的轧制速度方式仍能保证 300 万吨/年的产量。

（5）第 5 段为第一减速段。此段从带钢尾部离开开始减速机架（F1 或 F2、F3）到尾部离开热金属检测器 HMD_{70}（即距精轧机组末架 50m 处）为止，如图 6-2 所示。该减速段的目的在于避免高速抛钢（本轧机的抛钢速度为 13.3~16.7m/s，日本大分厂为 15.8m/s），防止带钢尾部离开末架机架产生跳动，损坏设备和产生折叠现象。

（6）第 6 段为第二减速段。当带钢离开热金属检测器 HMD_{70} 时，用很大的减速度 a_4 把轧机的速度降至下一块带钢的穿带速度 v_ch。

为满足上述速度制度，保证在稳速和加、减速过程中各机架间金属秒流量严格相等的关系，F1~F7 机架的速度值、加减速度值均由计算机统一给出。

6.3　主速度系统

6.3.1　主速度整定

热轧精轧机组主速度系统由速度整定及速度调节两大部分组成。速度整定用于穿带前将各机架速度整定到设定值，而速度调节则是穿带后的动态调节，各机架间的级联亦是速度调节部分的一个重要功能。图 6-4 为精轧机组主速度系统的功能框图。主速度的整定及调节由基础自动化控制器承担。

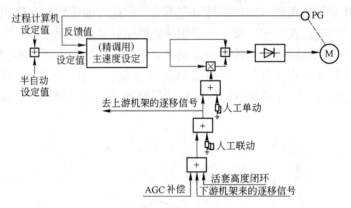

图 6-4　精轧主速度系统的功能框图

速度整定可分为粗调及精调两种，粗调为根据速度设定值直接算出输出电压，并按此电压进行开环控制。

如果各方面参数比较稳定，粗调一般可满足要求，即使存在小的误差，也将会在活套高度闭环投入后加以纠正，但由于存在电控系统反馈系数的变化、计算机输出口的零点漂移等因素，使得粗调整定值精度不高。采用速度精调的目的就是在粗调的基础上，引入实际速度进行反馈控制，直至速度达到要求精度为止。当采用数字传动后，由于传动本身精度较高，可以考虑不进行速度精调。

6.3.2　主速度调节

速度调节包括手动微调（人工联动、人工单动），活套高度闭环，AGC 的速度补偿，以及下游机架送来的逐移补偿。实际计算时，上述各量都应为相对于本机架速度设定值的百分数。

速度调节时，末机架的速度是作为基准值而不调节的，调节时的逐移方向是下游向上游机架进行，通常称为逆调。稳定精轧出口速度对轧机与卷取机的匹配和终轧温度控制有利。

复习思考题

1. 填空题

1-1 可逆轧机遵循＿＿＿＿＿＿＿＿或＿＿＿＿＿＿＿＿速度图。

1-2 热轧精轧机组主速度系统由＿＿＿＿＿＿＿＿及＿＿＿＿＿＿＿＿两大部分组成。

2. 判断题

2-1 穿带速度随着带钢成品厚度的增加而降低。 （ ）

2-2 穿带速度高时，薄带易飘浮，故薄带穿带速度最低。 （ ）

2-3 带钢在输出辊道上行走的速度一般在 12m/s 以下，否则就会"飘浮"起来，不便于输送。 （ ）

2-4 热带升速轧制时，第一加速度 a1 的值受到带钢在输出辊道上的运输稳定性及卷取机的咬入条件的限制。 （ ）

2-5 热带升速轧制时，带钢头部被咬入卷取机并卷上两圈之后，开始第二加速度，直至达到预定的最高轧制速度。此加速度主要为补偿带钢长度方向的温降，使终轧温度均匀一致，同时可以充分发挥轧机的生产能力，提高产量。 （ ）

3. 单选题

3-1 热带精轧机组穿带速度受咬入条件的限制，一般最高为（ ）。

  A. 5m/s B. 10m/s C. 15m/s D. 20m/s

3-2 热连轧带钢中的可逆轧机采用的速度制度为（ ）。

  A. 匀速轧制 B. 升速轧制 C. 减速轧制 D. 梯形速度图

3-3 某热连轧带钢中间辊道区设置有保温罩，其精轧机采用的速度制度为（ ）。

  A. 匀速轧制 B. 升速轧制 C. 减速轧制 D. 梯形速度图

4. 名词解释题

4-1 逆调。

5. 简答题

5-1 画出热连轧带钢带有升速轧制的一般精轧速度图，并解释各段的含义。

5-2 什么样的热带车间需要升速轧制，什么样的热带车间不需要升速轧制？

5-3 升速轧制的主要作用是什么？

5-4 如何保证带钢头部终轧温度和全长终轧温度？

5-5 速度调节包括哪些项目？

7 温度控制

7.1 热连轧过程中的温降方程

在热轧生产过程中，温度是一个极为重要的工艺参数，准确地预报各个环节的温度变化是实现热连轧机计算机控制的重要前提，轧制温度的预报是否准确，对其整个设定计算具有非常重要的意义。

热轧过程中的温度，主要包括开轧温度、终轧温度和卷取温度等。这些温度对金属在各机架中的变形抗力、轧制压力、成品的金相组织、晶粒度、机械性能以及带钢的表面状态等都有直接的影响。例如 1% 的温度预报误差就有可能导致 2% 到 5% 的轧制压力预报误差。

为了使金属易于加工成型，保证热轧成品带钢尺寸精确、板形良好、组织性能好、并使连轧机具有很高的生产能力。在轧制之前必须将板坯加热到所要求的温度，然后在整个轧制过程中，又要采用不同的轧制速度、加速度和调节机架间冷却水以及层流冷却水的流量等才能达到上述目的。板坯在加热炉中加热时，是通过炉内的高温介质将热量传输到板坯表面，然后再由表面往中心传导。而在轧制过程中，轧件中所含的热量又会被低温的冷却水和空气，以及被与热轧件相接触的轧辊所带走。此外，金属在变形时还会产生一部分变形热和摩擦热。所以在轧制过程中温度的变化是一个很复杂的过程，既有辐射传热、对流传热、传导传热，而又有变形热和摩擦热。

为了适应计算机控制的需要，需用温降方程来计算各环节的温度变化（如精轧机组入口和出口处，以及卷取机入口处等的温度），以便准确地预报轧件在各个环节中的温度值。

根据带钢热轧轧制线上工艺和设备特点的情况，基本上可以归纳出以下几方面的温降方程：带钢在辊道上运送时的温降方程；带钢在高压水除鳞情况下的温降方程；带钢在低压喷水冷却时的温降方程；带钢在精轧机组中的温降方程。

7.1.1 带钢在辊道上运送时的温降方程

带钢在辊道上运送时，高温的带钢要向外辐射热量，因而带钢产生辐射温降，用 $\Delta t_辐$ 表示。同时也有带钢与周围空气进行对流传热的问题，而会引起带钢的对流温降，用 $\Delta t_对$ 表示。由于在高温时的辐射热量损失远远超过了对流热量损失，后者占的比重很小，因此，可以只考虑辐射热量损失，而把其他影响都包括在根据实测数据确定的辐射系数 ε 中。

对于辐射散热，根据斯蒂芬-玻耳兹曼定理，轧件在散热时间为 τ，散热面积为

2F（其中 F 为轧件的散热面积，并忽略轧件侧表面）时，其散失的热量 Q 与轧件的绝对温度的四次方成正比，采用微分形式：

$$dQ = \varepsilon\sigma\left(\frac{T}{100}\right)^4 2Fd\tau = \varepsilon\sigma\left(\frac{t+273}{100}\right)^4 2Fd\tau \tag{7-1}$$

式中　ε——轧件的热辐射系数（或称为黑度），$\varepsilon<1$，当表面氧化铁皮较多时取为 0.8，而刚轧出的平滑表面取为 $0.55\sim0.65$，具体值需要根据现场实测来确定；

　　　σ——斯蒂芬-玻耳兹曼系数，$\sigma=5.69W/(m^2\cdot K^4)$；

　　　T——轧件的绝对温度，$T=t+273$，K；

　　　t——轧件的表面温度，℃；

　　　F——轧件的散热面积，$F=BL$，m^2，其中 B 为轧件的宽度，L 为轧件的长度；

　　　τ——时间，s。

从另一方面看，随着热量的散失，轧件的温度将会下降，当它的温降为 dt 时，则轧件热量的变化为：

$$dQ = Gc_p dt = c_p\gamma hFdt \tag{7-2}$$

式中　c_p——质量定压热容，$J/(kg\cdot℃)$；

　　　G——质量，kg；

　　　γ——密度，kg/m^3；

　　　h——轧件的厚度，m。

由于轧件散失的热量应等于热量的变化，故：

$$c_p\gamma hFdt = -\varepsilon\sigma\left(\frac{t+273}{100}\right)^4 2Fd\tau \tag{7-3}$$

因此轧件辐射温降公式为：

$$dt = -\frac{2\varepsilon\sigma}{c_p\gamma h}\left(\frac{t+273}{100}\right)^4 d\tau \tag{7-4}$$

从式（7-4）可知，带钢因辐射引起的温降是与（$t+273$）成四次方的关系，这就说明随着温降的进行，带钢的温度将不断地迅速降低。由此可知带钢在短距离运输辊道和在长距离运输辊道上辐射温降的时间是不完全相同的，因此就分两种情况进行论述。

轧件在短距离运输辊道上运送时，可以认为温降不大，因此，在整个过程中可以用同一个 $t℃$ 进行计算。其辐射温降 $\Delta t_辐$ 为：

$$\Delta t_辐 = -\frac{2\varepsilon\sigma}{c_p\gamma h}\left(\frac{t+273}{100}\right)^4 \Delta\tau \tag{7-5}$$

式中　$\Delta\tau$——轧件移动时的温降时间，$\Delta\tau=\dfrac{\Delta L}{v}$；

　　　ΔL——轧件移动的距离；

　　　v——轧件移动的速度。

而带钢在长距离辊道（例如 1700m 热连轧机的中间辊道长达 100 多米）上运送

时，由于运送时间长，温降大，在此种情况下的温降方程是对式（7-4）按分离变量进行积分，来确定温降方程。假设带钢的初始温度为 t_1，其最终温度为 t_2，而 τ_1 表示初始时刻，τ_2 为最终时刻，并假设物理参数 c_p、γ 和 ε 取平均值后可认为和温度无关。以 t_1 和 τ_1 分别为温度和时间的下限，t_2 和 τ_2 为其上限，对式（7-6）的两边进行积分为：

$$\int_{t_1}^{t_2} \frac{100}{\left(\dfrac{t+273}{100}\right)^4} d\left(\frac{T}{100}\right) = -\frac{2\varepsilon\sigma}{c_p\gamma h}\int_{\tau_1}^{\tau_2} d\tau$$

$$\frac{1}{3}\left[\left(\frac{t_2+273}{100}\right)^{-3} - \left(\frac{t_1+273}{100}\right)^{-3}\right] = -\frac{2\varepsilon\sigma(\tau_2-\tau_1)}{100c_p\gamma}$$

令 $\tau=\tau_2-\tau_1$，则得：

$$t_2 = 100\left[\left(\frac{t_1+273}{100}\right)^{-3} + \frac{6\varepsilon\sigma\tau}{100c_p\gamma h}\right]^{-1/3} - 273 \tag{7-6}$$

带钢在运送过程中的温降时间 τ，可以根据带钢移动距离 L 和移动速度 v 来计算：

$$\tau = L/v$$

因此，在这种情况下的温降方程为：

$$\Delta t_{辐} = t_1 - \left\{100\left[\left(\frac{t_1+273}{100}\right)^{-3} + \frac{6\varepsilon\sigma}{100c_p\gamma h}\times\frac{L}{v}\right]^{-1/3} - 273\right\} \tag{7-7}$$

在上式中的热辐射系数 ε，由于它取决于实际情况，因此，一般是借助于粗轧机组出口处和精轧机组入口处的测温仪进行温度测量，然后利用实测的温度进行反算来求得 ε。

7.1.2　高压水除鳞情况下的温降方程

在板带钢的轧制过程中，为了将板坯或带钢表面的炉生氧化铁皮或二次氧化铁皮清除掉，一般都采用高压水（压力为 12~20MPa 或更高）冲击轧件的表面。由于大量的高压冷却水流与高温轧件表面相接触，将一部分热量带走，使得轧件产生温降。在这种情况下，虽然也存在辐射散热，但占的比重很小，而基本上是强迫对流传热方式引起的热量损失，故在此仅考虑对流传热所引起的温降。

对流传热的强度不但与物体的传热特性有关，而且更主要的是取决于流体介质的物理性质和运动特性，所以对流传热是一个极其复杂的过程，要从理论上精确计算它是很困难的，为了便于分析问题和进行计算，一般采用下列公式来计算对流传热时散失的热量：

$$dQ = -\alpha(t-t_水)2Fd\tau \tag{7-8}$$

式中　t——轧件的温度，℃；

　　　$t_水$——水的温度，℃；

　　　$2F$——轧件与冷却介质相接触的面积（忽略轧件的侧表面），m^2；

　　　τ——热交换的时间，s；

　　　α——对流的散热系数，它表征对流散热的强度，即轧件与介质温度相差为 1℃ 的条件下，单位面积在单位时间内所散失的热量，W/($m^2\cdot$℃)。

与辐射传热的情况相同，随着热量的散失，轧件的温度会下降。当轧件的温降为 dt 时，则轧件的热量变化为：

$$dQ = c_p \gamma h F dt \qquad (7-9)$$

因此，轧件的对流温降公式为：

$$dt = \frac{-2\alpha}{c_p \gamma h}(t-t_水)d\tau \qquad (7-10)$$

当高压水段长度为 l，轧件运行的速度为 v 时，则：

$$\Delta\tau = l/v$$

所以轧件在高压水除鳞时的温降方程为：

$$\Delta t_对 = -\frac{2\alpha}{c_p \gamma h} \times \frac{l}{v}(t-t_水) \qquad (7-11)$$

7.1.3 带钢在低压喷水冷却时的温降方程

所谓低压喷水冷却实质主要指带钢在精轧机组之后的层流冷却和精轧机架间的喷水冷却。虽然低压喷水冷却的工作压力较小，但是流量比较大，带钢是在层流水中通过，所以，它也是强迫对流的一种形式。

根据式（7-10），用 t_1 表示带钢的初始温度和 t_2 为最终温度，τ_1 为冷却的初始时刻和 τ_2 为最终时刻，并以 t_1 和 τ_1 为下限，t_2 和 τ_2 为上限进行积分，得：

$$\int_{t_1}^{t_2} \frac{dt}{t-t_水} = \int_{\tau_1}^{\tau_2} \frac{-2\alpha}{c_p \gamma h}d\tau$$

$$\ln\frac{t_2-t_水}{t_1-t_水} = -\frac{2\alpha(\tau_2-\tau_1)}{c_p \gamma h} \qquad (7-12)$$

现令

$$\tau = \tau_2 - \tau_1 = l/v$$

所以式（7-12）可以改写为：

$$\ln\frac{t_2-t_水}{t_1-t_水} = -\frac{2\alpha L}{c_p \gamma} \times \frac{1}{hv} \qquad (7-13)$$

最终得：

$$t_2 = t_水 + (t_1-t_水)\exp\left(1-\frac{2\alpha L}{c_p \gamma} \times \frac{1}{hv}\right) \qquad (7-14)$$

于是在此种情况下的温降方程为：

$$\Delta t_对 = t_1 - \left[t_水 + (t_1-t_水)\exp\left(\frac{-2\alpha L}{c_p \gamma} \times \frac{1}{hv}\right)\right] \qquad (7-15)$$

7.1.4 带钢在精轧机组中的温降方程

带钢在精轧机组中轧制时，热交换的形式是相当复杂的，既存在有带钢的辐射散热、带钢与冷却水之间的对流散热、带钢与轧辊相接触时的传导散热，还有接触摩擦和塑性变形热所引起的热量增加。如果采用上述的公式逐步计算带钢在每一架轧机中的塑性变形热、接触摩擦热、带钢在机架间的辐射热损和机架间喷水冷却的对流热损等，则容易出现误差积累，使后几个机架中的带钢温度偏差过大。

考虑到精轧机组各架轧机中的带钢温度是一个极为重要的工艺参数，根据带钢在精轧机组中的连续性和在精轧机前后都设有测温仪的特点，一般不是采用逐步计算温降的方法，而是利用机组两头测温仪的实测温度进行不断校正。采用式 (7-13) 计算出机组总的温度降，然后将精轧机的总温降"分配"到各架轧机上，从而来确定带钢在各架轧机上的带钢温度。

考虑到带钢在轧机中产生的塑性变形热与带钢和轧辊相接触所产生的热传导热损基本可以互相抵消，而把机架间的辐射冷却和喷水冷却合并作为一个当量的冷却系统。为了简单起见采用式 (7-13) 作为温降公式。现以 1700mm 七机架精轧机组为例，将精轧机组分为八个区段，如图 7-1 所示。

则精轧机组每个区段的温降公式为：

$$\ln \frac{t_i - t_水}{t_{i-1} - t_水} = -K_精 \frac{L_i}{h_i v_i} \tag{7-16}$$

式中　t_i——第 i 区段的带钢温度；

　　　t_{i-1}——第 i-1 区段的带钢温度；

　　　$t_水$——冷却水的温度；

　　　$K_精$——冷却能力系数（或称为等价热传导系数），$K_精 = \dfrac{2\alpha L}{c_p \gamma}$；

　　　h_i——第 i 区段的带钢厚度；

　　　v_i——第 i 区段的带钢速度；

　　　L_i——为第 i-1 区段到第 i 区段的距离。

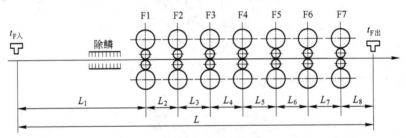

图 7-1　精轧机组分段简图

当 $i=1$ 时，L_1 就是精轧机组入口处测温仪至第一机架（即 F1）的距离。当 $i=8$ 时，L_8 就是精轧机组出口处测温仪至精轧机组第七机架（即 F7）的距离。考虑到精轧机组入口测温仪至第一机架之间有高压水除鳞装置，其值要比机架间的低压喷水冷却时要大，因而应采用 L'_1 作为第一区段的当量距离，即 $L'_1 = \beta L_1$，β 是由现场实测确定的系数。

带钢在连轧过程中，应遵守金属秒流量相等的原则，精轧时认为宽度不变，所以在稳定轧制时：

$$h_i v_i = h_n v_n$$

式中　h_n——最末机架出口处带钢的厚度；

　　　v_n——最末机架出口处带钢的速度。

因此，可将温降公式改写为：

$$\ln \frac{t_i - t_水}{t_{i-1} - t_水} = -K_精 \frac{L_n}{h_n v_n} \tag{7-17}$$

式中的 i 是由 1 到 8，当 $i = 1$ 时，$t_{i-1} = t_0$，也就是精轧机组入口处测温仪的温度值，用 $t_{F入}$ 表示；当 $i = 8$ 时，$t_i = t_8$，也就是精轧机组出口处测温仪的温度值，用 $t_{F出}$ 表示。

现按式（7-17），从 $i = 1$ 到 $i = 8$ 将其温降累加起来，便可以得到整个精轧机组的温降公式：

$$\ln \frac{t_{F出} - t_水}{t_{F入} - t_水} = -K_精 \frac{\sum\limits_{i=1}^{8} L_i}{h_n v_n} = \frac{-K_精 L}{h_n v_n} \tag{7-18}$$

式中　$t_{F入}$——精轧机组入口处带钢的温度；

　　　　$t_{F出}$——精轧机组出口处带钢的温度；

　　　　L——从精轧机组入口处测温仪到出口处测温仪的距离，但应注意，由入口处测温仪到第一机架的距离 L_1 应采用 L_1' 代替。

于是精轧机组出口处带钢的温度表达式为：

$$t_{F出} = t_水 + (t_{F入} - t_水) \exp\left(\frac{-K_精 L}{h_n v_n}\right) \tag{7-19}$$

最后便可以求得带钢在精轧机组中的温降方程为：

$$\Delta t_F = t_{F入} - t_{F出} = t_{F入} - \left[t_水 + (t_{F入} - t_水) \exp\left(\frac{-K_精 L}{h_n v_n}\right) \right] \tag{7-20}$$

精轧机组各架轧机处带钢的温度 t_i（此时式中的 i 为第一机架至第七机架的机架号）为：

$$t_i = t_水 + (t_{F入} - t_水) \exp\left(-K_精 \frac{\sum\limits_{i=1}^{8} L_i}{h_n v_n}\right) \tag{7-21}$$

由于 $K_精$ 值可以利用生产中实测的 $t_{F入}$ 和 $t_{F出}$ 值反推算，按下式求得：

$$K_精 = \frac{t_{F入} - t_{F出}}{t_{F入}} \times \frac{h_n v_n}{L} \tag{7-22}$$

从式（7-22）右边各项可知，这些工艺参数都是可以实测得到的比较准确的参数，所以按式（7-22）计算出来的 $K_精$ 值是能很好地反映实际生产的真实情况，故按以上所述的公式计算各架轧机处的温度，其误差也比较小。

以上所述的这些温降方程都是理论温降数学模型，为了更好地适用不同的生产情况，对方程中的有关系数采用了一些修正（如采用等价系数等），于是这些温降方程在许多热连轧机上得到了广泛的应用。

7.2　终轧温度的控制

终轧温度对带钢的组织和性能有非常重要的影响。从板坯出炉到带钢轧制结束，中间要经过运输和轧制两大环节。带钢的终轧温度 $t_{终}$ 取决于带钢的材质、加热温度 $t_{加}$、板坯的厚度 H、运输时间 τ、压下制度、速度制度以及冷却水的压力、流量与温度等一系列因素。其中带钢的材质、板坯的厚度、运输时间和压下制度等，在原料与成品带钢情况确定了的条件下是一些较稳定的因素。而加热温度、机架间冷却水的压力和流量以及速度制度等可以作为对终轧温度进行控制的手段。但是由于冷却水量与终轧温度之间的定量关系较难确定，所以实际上被应用于控制终轧温度的主要因素是加热温度和速度制度。

现在就以 1700mm 热连轧机的精轧机组的终轧温度控制为例，以带钢头部温度与带钢全长温度，来说明终轧温度控制的基本方法。

7.2.1　带钢头部终轧温度的控制

带钢头部终轧温度控制的目的，在于把带钢头部离开精轧机组时的温度控制在所要求的允许波动范围之内。

首先应控制板坯的加热温度，为此，可根据所轧制带钢的标准速度规程，按照温降方程式（7-6）来反算精轧机组入口处带钢的温度 $t_{F入}$，然后再以 $t_{F入}$ 反算粗轧机组出口处和入口处的温度，最后反算出板坯所需要的加热温度。这里包括了两次轧制过程温降和两次辊道运输温降的计算。由于上述温降过程是在相当长的时间和相当大的空间范围内完成的，在此范围内，可能出现各种干扰，特别是轧制速度和运输时间的波动很难精确计算，这就必然会影响到所要求加热温度的精确计算。因此，往往采用一些简单的经验公式近似地来计算板坯的加热温度 $t_{加}$。所要求的加热温度 $t_{加}$ 也可以按照板坯和成品带钢的规格，根据生产经验列成表格形式，供生产时直接选取。

由于所要求的加热温度与加热炉中的实际加热温度之间不可避免地会有偏差，按照上述方法确定的要求，对板坯进行的加热显然不能精确地保证要求的终轧温度，为此，应在生产过程中实测带坯的温度，以实测的温度值作为进一步控制终轧温度的依据。在热连轧机上，测温点一般设在粗轧机组的出口处（因为在这里，带坯表面上的氧化铁皮已去除干净，新生的二次氧化铁皮又尚未生成，这时带坯已较薄，断面温度分布比较均匀），在此处测得的带坯温度与带坯实际温度比较接近。然后再以粗轧机组出口处的实测温度 $t_{R出}$ 作为依据，按式（7-6）形式的温降方程，首先计算出精轧机组入口处的温度 $t_{F入}$，其计算公式如下：

$$t_{F入} = 100\left[\left(\frac{t_{R出}+273}{100}\right)^{-3} + \frac{6\varepsilon\sigma\tau}{100c_p\gamma h}\right]^{-\frac{1}{3}} - 273 \qquad (7\text{-}23)$$

然后再以式（7-23）求出的 $t_{F入}$ 作为依据，按式（7-18）推导出用于控制温度的速度表达式为：

$$v_n = \frac{-K_{精} L}{h_n \ln \dfrac{t_{目标} - t_{水}}{t_{F入} - t_{水}}} \qquad (7\text{-}24)$$

式中　$t_{目标}$——目标终轧温度。

按式（7-24）计算得到的 v_n，作为精轧机组最末机架的速度设定值，就可以保证在穿带过程中带钢头部的终轧温度与目标终轧温度 $t_{目标}$ 相符合。

还必须指出，按式（7-24）计算得到的精轧机组末机架的穿带速度 v_n，应该在该带钢按实际生产经验所规定的允许穿带速度范围之内。若 v_n 的计算值超出了所规定的限制范围，则应取限制范围内的极限值。此时终轧温度虽然得不到保证，但却保证了生产过程安全地进行。

在 v_n 确定之后，精轧机组其他各机架的轧制速度 v_i，可以按金属秒流量相等的原则，根据各机架的轧出厚度 h_i 来确定。

7.2.2　带钢全长终轧温度的控制

当带钢的头部进入精轧机组中时，但带钢的尾部仍在中间辊道上，即尾部在空气中冷却的时间比头部长，因而引起带钢尾部的终轧温度低于带钢头部的终轧温度。若带坯越长，精轧入口速度越低，则带钢头部与尾部进入精轧机的时间差越大，它们的终轧温度差也越大。

带钢头部与尾部进入精轧机组的时间差 $\Delta\tau$，可按式（7-25）计算：

$$\Delta\tau = L/v \qquad (7\text{-}25)$$

式中　$\Delta\tau$——带钢头部与尾部进入精轧机组的时间差；

　　　L——带钢的长度；

　　　v——带钢进入精轧机组的速度。

为了减少或消除带钢头尾终轧温度差，使带钢全长度上的终轧温度均匀，可以采用轧机同步加速的方法，即当带钢头部离开精轧机后，整个精轧机组连同输出辊道和卷取机逐渐增速的方法。因此，不仅缩短了带钢头部与尾部进入精轧机组的时间差，而且减少了带钢头尾温度差。由于带钢的轧制速度逐渐增加，后进入精轧机的带钢在机组中的散热时间短，使得因塑性变形与接触摩擦所产生的热量引起带钢温升，能与各种方式散失热量造成的带钢温度降相互抵消，因而就可以使得带钢全长度上的终轧温度保持恒定，或在允许范围内波动。假若在轧制过程中带钢尾部的温升超过了温降，则带钢尾部的终轧温度有可能高于带钢头部的终轧温度。

为了在实际的轧制过程中，控制带钢全长度上的终轧温度，一般最常用的方法就是控制精轧机组各架轧机的加速度。现代化的热连轧机终轧温度的允许波动范围一般定为 $\pm(10\sim15)℃$，当从精轧机组出口处的测温仪检测到的终轧温度在所要求的允许波动范围之内时，轧机便以预先规定的加速度进行升速轧制，借此来保持终轧温度恒定。若实测的终轧温度低于所要求的允许范围的下限时，便将控制信号反馈给轧机的加速度控创系统，使轧机的加速度增加。若实测的终轧温度高于所要求的允许范围的上限时，便使加速度变为零。

为了提高轧机的生产能力，一般将加速度控制在 $0.5\sim1.0\text{m/s}^2$ 以上。但实践表明，为了控制终轧温度，轧机的加速度只能限制在 $0.05\sim0.2m/s^2$ 范围之内，否则，带钢的终轧温度将沿长度从头部至尾部逐渐升高。为了克服这一缺点，因此提出了，既充分地发挥轧机的加速度能力来提高轧机的生产能力，又不出现带钢终轧温度从头部至尾部逐渐升高的现象，现在有的联合应用调节机架间冷却水量的方法来控制终轧温度。

7.3　带钢卷取温度的控制

7.3.1　层流冷却装置

带钢卷取温度是影响成品带钢性能指标的重要工艺参数之一。不同规格的带钢在精轧机组中的终轧温度一般为 $800\sim900℃$，而高取向硅钢终轧温度为 $980℃$，但是为了获得良好的性能质量，必须将卷取温度控制在 $550\sim700℃$，而高取向硅钢的卷取温度为 $520℃$，若带钢由精轧机组中出来的速度为 $20m/s$，输出辊道长度为 $120m$ 时，则带钢由精轧机组到卷取机也只要 6s 就够了，要求在 6s 内就要将带钢的温度降低 $200\sim350℃$，有的要降低将近 $460℃$，因此，必须采用高效率的冷却装置才有可能。

近年来都广泛采用层流冷却。它的基本原理是以大量虹吸管从水箱中吸出冷却水，在无压力情况下流向带钢，其特点是以流股状与带钢平稳接触，冷却水不反溅，并紧贴在带钢表面上按一定方向作宏观运动，因它具有某些层流特点，所以称为层流冷却方式。由于虹吸管的数量很多，排列又很密，带钢表面上的水层时刻可以更新，所以冷却效果很好。若沿输出辊道每隔一段距离设置一定数量的侧喷头，将滞留在带钢表面上的水冲掉，则冷却效果就会更好，由于虹吸管的开动和停止操作时间长（约 1s），因而在实际中多半采用接近层流的低水压头操作。随着计算机越来越广泛地应用，层流冷却设备，加上计算机自动控制技术，使得卷取温度能按人们意愿进行控制已成为现实。

图 7-2 是 1700mm 热连轧机输出辊道上的设备布置简图。其中层流冷却系统中的顶部冷却喷嘴共 60 段，每段两根集管，共 $2\times60=120$ 根集管，每根集管设有 69 个鹅颈喷水管，每四段为一套冷却水流喷嘴装置，共有 15 套，每段的集管都可以单独地控制开闭。为了处理废钢，每八根集管（即四段）可由一个液压缸将它推至倾斜位置。这些喷嘴在 0.01MPa 的压力下，需要约 $2.25m^3/s$ 的供水量。底部冷却喷嘴系统也分为 60 段，每段有 4 根集管，共有 $4\times60=240$ 根集管，每根集管上有

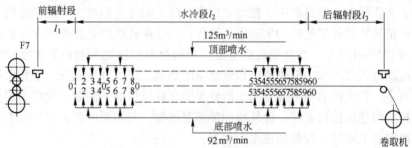

图 7-2　输出辊道上的设备布置简图（0—侧喷头）

一列 11~12 个喷嘴，分为 15 套冷却水流喷嘴装置，这些喷嘴在 0.02MPa 的压力下，需要 1.01m³/s 的供水量。侧喷嘴冷却系统分布在输出辊道辊子的两头，按交叉形式布置，共分 9 段，其中 2 段为气喷，压力为 0.5MPa，用以吹散雾气，防止对轧制线仪表的干扰，其他 7 段为水喷，压力为 2.0MPa，可推动带钢表面上的水按一定方向流动，使得带钢表面上的水不断更新，大大提高了冷却效果。

7.3.2 卷取温度控制的基本思想和数学模型的基本结构

带钢卷取温度的控制实质是通过控制层流冷却系统的冷却水段数目来实现的。

设为保证带钢头部卷取温度所必需的冷却水的段数为 N，它取决于带钢终轧温度 $t_{终轧}$，带钢厚度 h、带钢在输出辊道上的运行速度 v 以及钢卷的目标卷取温度 $t_{目卷}$。

带钢在水冷段，主要以对流的形式散热；带钢在水冷段前、水冷段后，主要以辐射的形式散热。

为了计算所需的冷却水的段数 N，可以先给定一个初值 N_0，然后按温降公式计算温降，看其是否达到要求，如果计算结果不符合要求，修改 N_0 值再计算直到符合要求。

上述计算方法比较麻烦，需要多次计算，因此，在实际的卷取温度控制过程中，是采用直接统计得到的冷却水喷嘴段数 N 与各影响因素之间关系的力程：$N = f(h, v, t_{终轧}, t_{目卷})$。

为了计算方便，方程最好是线性的形式，但这样会导致计算精度的降低。为了解决此矛盾，可以对不同厚度规格的带钢分别进行统计。若厚度范围分档越细，则线性表达式就越能正确地描述在此厚度范围内的冷却规律，控制精度也就能越高。

因此，冷却水段数 N 可采用式（7-26）计算：

$$N = \left\{ P_i + R_i(v - v_i) + \left[\alpha_1(t_{F出} - t_{FS}) - (t_{目卷} - t_{标卷}) \right] \frac{hv}{Q} \right\} \alpha_2 \qquad (7\text{-}26)$$

式中　P_i——在 $v = v_i$，$t_{F出} = t_{FS}$，$t_{目卷} = t_{标卷}$ 的标准条件下预喷射的设定段数，根据带钢厚度 h 按式 $P_i = A_i h + B_i$ 计算，其中 A_i 和 B_i 值按表 7-1 选取，其他厚度情况下的 A_i 和 B_i 值可用插值法来确定；

　　　R_i——带钢速度影响系数，也是根据带钢厚度，可按式（7-27）和表 7-2 来确定：

$$R_i = C_i h + D_i \qquad (7\text{-}27)$$

　　　v——带钢速度（轧制速度或卷取机卷取带钢的圆周速度）；

　　　v_i——轧制基准速度，根据带钢厚度按插值法从表 7-3 中选取；

　　　α_1——带钢在精轧机出口侧的温度变化对卷取温度的影响系数，$\alpha_1 = 0.8$；

　　　$t_{F出}$——带钢在精轧机出口侧的实测温度；

　　　t_{FS}——带钢在精轧机出口侧的标准温度，也是根据带钢厚度事先规定了的；

　　　$t_{目卷}$——卷取目标温度；

　　　$t_{标卷}$——卷取标准温度，也是根据带钢厚度事先规定的；

Q——常数，相当于一段的冷却水量所带走的热量；

α_2——由冷却水温度 $t_{水}$、标准水温度 $t_{水S}$ 及硅含量（w_{Si}）所决定的系数为：

$$\alpha_2 = (1+K_1 \times w_{Si}) \times [1+K_2(t_{水}-t_{水S})]$$

K_1，K_2——常数。

表 7-1　A_i 和 B_i 的取值

带钢厚度 h/mm	A_i	B_i
1.0<h≤1.6	1.92	2.00
1.6<h≤3.2	1.96	2.88
3.2<h≤6.4	1.90	2.56
6.4<h≤12.7	0.85	4.64

表 7-2　C_i 和 D_i 的取值

带钢厚度 h/mm	C_i	D_i
1.0<h≤1.6	4.1	2.2
1.6<h≤3.2	3.6	3.5
3.2<h≤6.4	4.9	1.4
6.4<h≤12.7	0.7	0

表 7-3　v_i 的取值

带钢厚度 h/mm	v_i/m·s^{-1}
1.0<h≤1.6	10.0
1.6<h≤3.2	10.0
3.2<h≤6.4	8.0
6.4<h≤12.7	5.0

7.3.3　带钢卷取温度控制的几种控制模型和控制方法

影响冷却效果的因素很多，但是其中主要的因素是带钢的运行速度 v、带钢的厚度 h 和带钢在精轧机组出口处的温度 $t_{F出}$。为了使控制模型既反映其特定的规律，而又能避免繁杂的计算，因而根据控制模型的基本式（7-26），在实际控制时可将它演变为三种控制模型，即前馈控制模型、精轧温度补偿控制模型和反馈控制模型。

7.3.3.1　前馈控制模型

所谓前馈控制模型，就是当带钢头部尚在精轧机组中轧制时，就根据本带钢的各项目标值计算所需冷却水段数目的模型，并将它前馈给冷却控制装置进行控制。在实际采用的前馈控制模型中，考虑控制阀有反应滞后等现象，为了防止因各影响因素的实际值与目标值的偏差而导致卷取温度过低，以致无法对反馈的方法进行修正。因此，将卷取温度目标值提高 Δt（例如 Δt 可以为 20℃），即以 $t_{目卷}+\Delta t$ 作为目标卷取温度，此时前馈控制模型如下：

$$N_{FF} = \left\{ P_i + R_i(v - v_i) + \left[\alpha_1(t_{FE} - t_{FS}) - (t_{目卷} + \Delta t - t_{标卷}) \right] \frac{hv}{Q} \right\} \alpha_2 \qquad (7-28)$$

式中　N_{FF}——前馈控制时冷却水段数；

$\quad\quad\;\; t_{FE}$——精轧机组出口处所要的目标温度。

按式（7-28）计算得到的预定冷却水段数，在带钢头部留在精轧机组中轧制时即输出给冷却装置，并在冷却段的前部给出，它便构成前段冷却区。

7.3.3.2　精轧温度补偿控制

当带钢头部已离开精轧机组，已得到了带钢头部的实测终轧温度 $t_{F出}$ 时，按式（7-29）计算冷却水的前馈补偿量，并立即输出给冷却段的后部，以便使带钢头部能得到补偿量为：

$$N_{FFT} = \alpha_1 \alpha_2 \frac{hv}{Q}(t_{F出} - t_{FE}) \qquad (7-29)$$

7.3.3.3　反馈控制模型

当带钢头部已到达卷取机前的测温仪处，已检测到了带钢头部的实测卷取温度 t_{C_0} 时，则按式（7-30）计算冷却水的反馈补偿量，并立即输出给冷却段的后段：

$$N_{FB} = (\Delta t + t_{C_0} - t_{目卷}) \frac{hv}{Q} \alpha_2 \qquad (7-30)$$

式中　N_{FB}——冷却水的反馈补偿量；

$\quad\quad\;\; t_{C_0}$——反馈控制时的卷取实测温度平均值。

公式中的 t_{C_0} 是在带钢头部到达卷取机前测温仪以后 0.5s、1.0s、1.5s、2.0s 时的卷取温度的平均值，因此，它按式（7-31）确定：

$$t_{C_0} = (t_{C_1} + t_{C_2} + t_{C_3} + t_{C_4})/4 \qquad (7-31)$$

式中　$t_{C_1} \sim t_{C_4}$——相应地为 0.5s、1.0s、1.5s、2.0s 后所测到的卷取温度。

由于在式（7-28）中，为了避免出现实际卷取温度 t_{C_0} 低于目标温度值 $t_{目卷}$，以致无法进行反馈补偿的情况，将式（7-28）中的卷取温度目标值人为地提高了 Δt，这样做的目的就是为反馈控制时留有余地。因此，在式（7-30）中，也应加一个 Δt，来消除人为增加 Δt 的作用。若按式（7-30）计算得到的 $N_{FB} < 0$，则就不进行反馈控制。反馈补偿量也是在冷却段的后段给出，因此，前馈补偿量（即精轧温度补偿）与反馈补偿量便构成了冷却段的后段冷却区。

上述的带钢头部卷取温度控制模型，虽然可以用前馈和反馈控制的方法，利用实测的信息对计算结果进行一些动态修正，但在本质上仍为静态模型，因为它是根据固定的条件计算所需要的冷却水量。但是，实际的冷却区的长度往往在 100m 以上，带钢上的任一点通过冷却区域需 5~25s 的时间，而在这么长的时间里，带钢的速度、厚度和终轧温度等都在不断地变化。因此，要求在考虑冷却装置操作上滞后的前提下，计算所需冷却水量随时间而变化的关系，并及时对冷却系统加以控制，这就需要考虑动态模型的问题。

带钢卷取温度控制的基本方法有前段冷却、后段冷却、均匀冷却、两段冷却等。冷却方式和冷却曲线如图 7-3、图 7-4 所示。

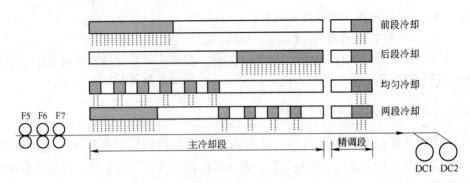

图 7-3　典型的层流冷却方式

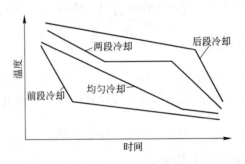

图 7-4　典型的冷却曲线

（1）前段冷却。前段冷却控制方法是上下对称地向带钢表面喷水，在冷却段的前段进行冷却带钢。前段冷却用于厚度为 1.7mm 以上普通带钢或有急冷要求的高级硅钢的冷却。

（2）后段冷却。后段冷却是当带钢头部到了卷取机前的测温仪处，冷却水从上部喷出，下部不喷水，喷水量是 N_{FF}、N_{FFT} 和 N_{FB} 的总和。后段冷却用于厚度小于 1.7mm 的普通钢和低级硅钢的冷却。

（3）带钢头尾不冷却。带钢头尾不冷却是不断地跟踪带钢头部和尾部在输出辊道上的位置，在带钢头尾部约 10m 的长度上不喷水，此控制分为头部不喷水、尾部不喷水、头尾部都不喷水。带钢头尾不冷却用于硬质带钢及厚带钢（约 8mm 以上），为了便于卷取机卷取，采用头尾部都不喷水。

复习思考题

1. 填空题

1-1　传热的三种形式是_____、_____和_____。

1-2　根据带钢热轧轧制线上工艺和设备特点的情况，基本上可以归纳出以下几方面的温降方程：_____；_____；_____。

1-3　带钢卷取温度控制的基本方法为_____、_____、_____。

2. 单选题

2-1 带钢在辊道上运送时理论温降方程的原型是（   ）。

    A. 辐射传热温降方程   B. 对流传热温降方程

    C. 传导传热温降方程   D. 综合传热温降方程

2-2 带钢在高压水除鳞时理论温降方程的原型是（   ）。

    A. 辐射传热温降方程   B. 对流传热温降方程

    C. 传导传热温降方程   D. 综合传热温降方程

2-3 带钢在低压喷水冷却时理论温降方程的原型是（   ）。

    A. 辐射传热温降方程   B. 对流传热温降方程

    C. 传导传热温降方程   D. 综合传热温降方程

2-4 带钢在精轧机组中的理论温降方程的原型是（   ）。

    A. 辐射传热温降方程   B. 对流传热温降方程

    C. 传导传热温降方程   D. 综合传热温降方程

2-5 带钢在精轧机组中的理论温降方程设计时与塑性变形热相互抵消的是（   ）。

    A. 辐射热损   B. 对流热损   C. 传导热损   D. 综合传热热损

2-6 带钢卷取温度控制的实质是控制层流冷却系统的（   ）。

    A. 冷却水压力   B. 冷却水压力和流量

    C. 冷却水温度   D. 冷却水段数目

3. 多选题

3-1 为保证带钢头部卷取温度所必需的冷却水的段数为 N 取决于（   ）。

    A. 带钢终轧温度   B. 带钢厚度

    C. 带钢在输出辊道上的运行速度 D. 钢卷的目标卷取温度

3-2 层流冷却方式的选择考虑的因素有（   ）。

    A. 板带厚度   B. 组织性能要求

    C. 钢种   D. 轧制速度

4. 名词解释题

4-1 层流冷却。

5. 简答题

5-1 带钢热轧轧制线上可以归纳出几方面的温降方程？

8 板 形 控 制

8.1 板形的表示方法

板形从字面理解可以认为是板子的外在形状。

板形分为两项指标：带钢断面形状和平直度。断面形状和平直度是两项独立指标，但相互存在着密切关系。

带钢断面形状对于不同用途的成品有着不同要求，作为冷轧原料的热带卷，要求有一定凸度，而成品热带卷则希望断面接近矩形。

图 8-1 给出了断面厚度分布的实例，其中包括了边部减薄和微小楔形。

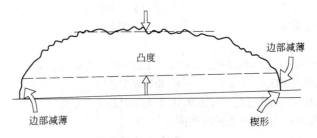

图 8-1　断面形状

断面形状实际上是厚度在板宽方向（设为 x 坐标）的分布规律，可用一多项式加以逼近。

$$h(x) = h_e + ax + bx^2 + cx^3 + dx^4$$

式中　h_e——带钢边部厚度。

但由于存在"边部减薄"（轧辊压扁变形在板宽处存在着过渡区而造成），因此一般取离实际带边 40mm 处的厚度作为 h_e。

其中一次项实际为楔形的反映，二次项（抛物线）为对称断面形状，对于宽而薄的热带亦可能存在三次和四次项，边部减薄一般可用正弦或余弦函数表示。

在实际控制中，为了简单，往往以其特征量——凸度为控制对象。出口断面凸度表示为：

$$\delta = h_c - h_e$$

式中　h_c——板带（宽度方向）中心的出口厚度。

为了确切表述断面形状，可以采用相对凸度 $CR = \delta/h$ 作为特征量（h 为宽度方向平均厚度），考虑到测厚仪所测的实际厚度为 h_e 或 h_c，也可以用 δ/h_e 或 δ/h_c 作为相对凸度。

平直度一般是指浪形、瓢曲或旁弯的有无及存在程度，如图 8-2、图 8-3 所示。

平直度的定量表示法有多种，较为实用的有波形表示法和残余应力表示法。

8.1.1 波形表示法

波形表示法比较直观，如图 8-4 所示。带钢翘曲度 λ 表示为：

$$\lambda = \frac{R_\gamma}{l_\gamma} \times 100\%$$

式中 R_γ——波幅；

       l_γ——波长。

图 8-4 中假设波形为正弦波，曲线部分长度为

$$l_\gamma + \Delta l_\gamma \approx l_r \left[1 + \left(\frac{\pi R_r}{2l_r} \right)^2 \right]$$

因此

$$\frac{\Delta l_r}{l_r} = \left(\frac{\pi R_r}{2l_r} \right)^2 = \frac{\pi^2}{4} \lambda^2$$

上式表示了翘曲度和小条相对长度差之间的关系。

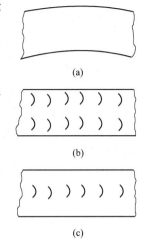

图 8-2 平直度缺陷示意图 1

(a) 侧弯；(b) 边浪；

(c) 中浪

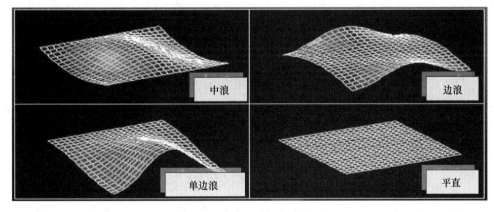

图 8-3 平直度缺陷示意图 2

图片：平直度缺陷示意图 2

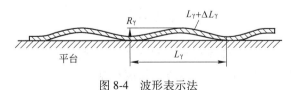

图 8-4 波形表示法

加拿大铝公司取带材横向上最长和最短的窄条之间的相对长度差作为板形单位，称为 I，一个 I 单位相当于相对长度差为 10^{-5}，这样，以 I 为单位表示的板形数量值为相对长度差的 10^5 倍。

8.1.2　残余应力表示法

宽度方向上分成许多纵向小条只是一种假设，实际上带钢是一整体，也就是"小条变形是要受左右小条的限制"，因此当某小条延伸较大时，受到左右小条影响，将产生压应力，而左右小条将产生张应力。这些压应力或张应力称为内应力，带钢塑性加工后的内应力称为残余应力。

理论上残余压应力将使带钢产生翘曲（浪形），实际上，由于带钢自身的刚性，只有当内部残余应力大于某一临界值后，才会失去稳定性，使带钢产生翘曲（浪形）。此临界值与带钢厚度、宽度有关。残余压应力与带钢翘曲之间的关系如图 8-5 所示。

图片：残余压应力与带钢翘曲之间的关系

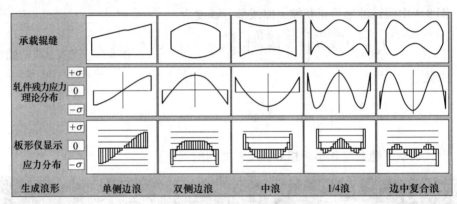

图 8-5　残余压应力与带钢翘曲之间的关系

只要板带内部存在有残余的内应力，就称为板形不良。如果这个应力虽然存在，但不足以引起板带翘曲，则称为"潜在"的板形不良；如果这个应力足够大，以致引起板带翘曲，则称为"表观"的板形不良。

8.2　板形良好条件

课件：板形良好条件

微课：板形良好条件

平直度和带钢在每机架入口与出口处的相对凸度是否匹配有关，如图 8-6 所示。如果假设带钢沿宽度方向可分为许多窄条，对每个窄条存在以下体积不变关系（假设不存在宽展）：

$$\frac{L(x)}{l(x)} = \frac{h(x)}{H(x)}$$

式中　$L(x), H(x)$——入口侧 x 处窄条的长度和厚度；

　　　$l(x), h(x)$——出口侧 x 处窄条的长度和厚度。

也可以用 $\frac{L_e}{l_e} = \frac{h_e}{H_e}$ 及 $\frac{L_c}{l_c} = \frac{h_c}{H_c}$ 分别表示边部和中部小条的变形。良好平直度的条件为：

$$l_e = l_c = l_x$$

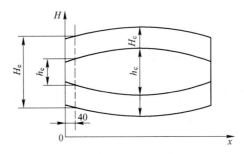

图 8-6　入口和出口断面形状

设
$$\Delta L = L_c - L_e$$

式中　ΔL——轧前来料平直度。

设来料凸度为 Δ（断面形状）：

$$\Delta = H_c - H_e$$

将 $H_c L_c = h_c l_c$ 和 $H_e L_e = h_e l_e$ 两式相减后得

$$H_c L_c - H_e L_e = h_c l_c - h_e l_e$$

$$(\Delta + H_e)(\Delta L + L_e) - H_e L_e = (\delta + h_e)(\Delta l + l_e) - h_e l_e$$

展开后如忽略高阶微小量后可得

$$\frac{\delta}{h} = \frac{\Delta L}{L} + \frac{\Delta}{H}$$

如来料平直度良好，$\Delta L / L = 0$，则

$$\frac{\delta}{h} = \frac{\Delta}{H}$$

即在来料平直度良好时，入口和出口相对凸度相等，这是轧出平直度良好的带钢的基本条件。

上面所述的相对凸度恒定为板形良好条件的结论，对于冷轧来说是严格成立的。对于热连轧由于前几个机架轧出厚度尚较厚，轧制时还存在一定的宽展，因而减弱了对相对凸度严格恒定的要求。图 8-7 给出不同厚度时轧件金属横向及纵向流动的可能性，由图8-7可知热连轧存在三个区段。

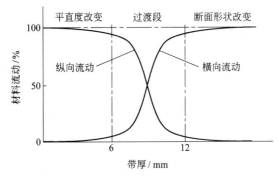

图 8-7　横向流动的三个区段

（1）轧件厚度小于 6mm 左右时不存在横向流动，因此应严格遵守相对凸度恒定条件以保持良好平直度。

（2）6~12mm 为过渡区，横向流动由 0%变到 100%。此处 100%仅意味着将可以完全自由地宽展。

（3）12mm 以上厚度时相对凸度的改变受到限制较小，即不会因为适量的相对凸度改变而破坏平直度。因此将会允许各小条有一定的不均匀延伸而不会产生翘曲。

为此 Shohet 等曾进行许多试验，并由此得出如图 8-8 所示的 Shohet 和 Townsend 临界曲线，此曲线的横坐标为 b/h，纵坐标则为变形区出口和入口处相对凸度差 ΔCR：

$$\Delta CR = \frac{CR_h}{h} - \frac{CR_H}{h_0}$$

式中　CR_h，CR_H——出口和入口带钢凸度；

　　　　h，h_0——出口和入口带钢厚度。

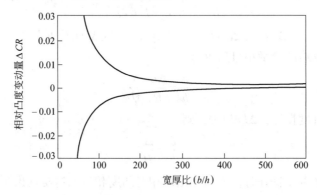

图 8-8　Shohet 及 Townsend 的 ΔCR 允许变化范围的曲线

此曲线的公式为：

$$-40\left(\frac{h}{b}\right)^{1.86} < \Delta CR < 80\left(\frac{h}{b}\right)^{1.86}$$

上部曲线是产生边浪的临界线，当 ΔCR 处在曲线的上部时将产生边浪。下部曲线为产生中浪的临界线。

此曲线限制了每个道次能对相对凸度改变的量，超过此量将产生翘曲（破坏了平直度）。

正因如此，对带钢凸度的纠正只能在 F2 或 F3 进行，否则将破坏带钢平直度。

课件：影响辊缝形状的因素 1

8.3　影响辊缝形状的因素

如若忽略轧件本身的弹性变形，钢板横断面的形状和尺寸，取决于轧制时辊缝（工作辊缝）的形状和尺寸，因此造成辊缝变化的因素都会影响钢板横断面的形状和尺寸。影响辊缝形状的因素有：

（1）热辊型；

（2）轧制力使辊系弯曲和剪切变形；

（3）磨损辊型；

（4）原始辊型；

（5）CVC 或 PC 辊对辊型的调节；

（6）弯辊装置对辊型的调节。

微课：影
响辊缝形
状的因
素1

8.3.1 轧辊的热膨胀

轧制时高温轧件所传递的热量，由于变形功所转化的热量和摩擦（轧件与轧辊、工作辊与支撑辊）所产生的热量，都会引起轧辊受热而使之温度增高。相反，冷却水、周围空气介质及轧辊所接触的部件，又会散失部分热量而使之温度降低。在轧制中沿辊身长度方向上，轧辊的受热和散热条件不同，一般是辊身中部较两侧的温度高，因而辊身由于温度差产生一相对热凸度，如图 8-9 所示。

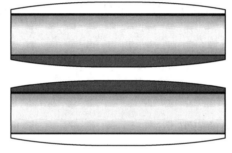

有效热凸度指对辊缝有影响的热凸度，
上辊的下半部分+下辊的上半部分

图 8-9　有效热凸度

图片：有
效热凸度

对二辊轧机的有效热凸度为：

$$\Delta D_t = K_\alpha \Delta T_D D$$

对四辊轧机的有效热凸度为：

$$\Delta d_t = K_\alpha \Delta T_d d$$

$$\Delta D_t = K_\alpha \Delta T_D D$$

式中　D，d——轧机的大辊、小辊直径，mm；

　　　ΔT_D——大辊辊身中部与边缘的温差，ΔT_D 通常为 10~30℃；

　　　ΔT_d——小辊辊身中部与边缘的温差，ΔT_d 通常为 30~50℃；

　　　α——膨胀系数，钢轧辊 $\alpha = 1.3 \times 10^{-5}/℃$，铸铁辊 $\alpha = 1.1 \times 10^{-5}/℃$；

　　　K——约束系数，当轧辊横断面上温度均匀分布时，$K=1$，当轧辊表面温度高于芯部温度时 $K=0.9$。

8.3.2 轧辊挠度

在轧制压力的作用下，轧辊要发生弹性变形，自轧辊水平轴线中点至辊身边缘 $L/2$ 处轴线的弹性位移，称为轧辊的挠度，如图 8-10 所示。热轧钢板时当轧件厚度较大，而轧制力不太高时，只考虑轧辊的弹性弯曲，而轧件较薄轧制力又很大时，还要考虑轧辊的弹性压扁。其挠度值计算如下。

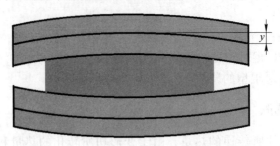

图 8-10　轧辊的挠度

8.3.2.1　二辊轧机

对于二辊轧机，辊身挠度 y 为：

$$y = \frac{P}{6\pi ED^4}(12L^2l - 4L^3 - 4b^2L + b^3) + \frac{P}{\pi GD^2}\left(L - \frac{b}{2}\right)$$

式中　P——轧制力，牛顿；

E，G——轧辊弹性模数、剪切模数；

D——轧辊直径；

L——辊身长度；

l——轴承支反力的间距；

b——轧件宽度。

8.3.2.2　四辊轧机

轧辊的弹性弯曲和轧辊的弹性压扁引起轧辊挠度。轧辊弹性弯曲引起的轧辊挠度是由于弯曲力矩产生的。而弹性压扁是指变形区内轧件与轧辊接触所导致的工作辊压扁，以及工作辊与支撑辊间相互的压扁。而这种压扁沿辊身长度不均匀所引起工作辊的附加挠度。因此，支撑辊的弹性弯曲以及支撑辊与工作辊间的相互弹性压扁的不均匀性决定了工作辊的弯曲挠度。正确地确定工作辊的弯曲挠度，才能正确设计轧辊辊型，如图 8-11 所示。

支撑辊挠度一样，工作辊实际凸度不同，或支撑
辊与工作辊间的相互弹性压扁，工作辊挠度不同

图 8-11　轧辊的实际凸度和弹性压扁的不均匀对挠度的影响

A 轧辊的实际凸度

轧制过程中轧辊的实际凸度，系指轧辊的原始（磨削）凸度，热凸度及磨损量的代数和。上下工作辊与上下支撑辊的实际凸度，共同构成了轧辊的实际总凸度，即

$$\sum \Delta D = (\Delta d_s + \Delta d_x) + (\Delta D_s + \Delta D_x)$$
$$= (\sum \Delta d_y + \sum \Delta d_t - \sum \Delta d_m) + (\sum \Delta D_y + \sum \Delta D_t - \sum \Delta D_m)$$

一对工作辊的实际总凸度为：

$$\Delta d_s + \Delta d_x = \sum \Delta d_y + \sum \Delta d_t - \sum \Delta d_m$$

一对支撑辊的实际总凸度为：

$$\Delta D_s + \Delta D_x = \sum \Delta D_y + \sum \Delta D_t - \sum \Delta D_m$$

式中　　　$\sum \Delta D$——一套轧辊的实际总凸度；

$\sum \Delta d_y$，$\sum \Delta D_y$——上下工作辊、上下支撑辊磨削凸度的总和；

$\sum \Delta d_t$，$\sum \Delta D_t$——上下工作辊、上下支撑辊热凸度的总和；

$\sum \Delta d_m$，$\sum \Delta D_m$——上下工作辊、上下支撑辊凸度磨损量之总和；

Δd_s，Δd_x——上、下工作辊的实际凸度；

ΔD_s，ΔD_x——上、下支撑辊的实际凸度。

B 工作辊挠度

上工作辊挠度：

$$y_s = q \frac{A + \varphi B}{\beta(1 + \varphi)} - \frac{\Delta d_s + \Delta D_s}{2(1 + \varphi)}$$

下工作辊挠度：

$$y_x = q \frac{A + \varphi B}{\beta(1 + \varphi)} - \frac{\Delta d x + \Delta D x}{2(1 + \varphi)}$$

其中：

$$\varphi = \frac{1.1\lambda_1 + 3\lambda_2\xi + 18\beta K}{1.1 + 3\xi}$$

$$A = \lambda_1 \left(\frac{l}{L} - \frac{7}{12} \right) + \lambda_2 \xi$$

$$B = \frac{3 - 4\mu^2 + \mu^3}{12} + \xi(1 - \mu)$$

$$K = \theta \ln \left(0.97 \frac{d + D}{q\theta} \right)$$

式中　q——工作辊与支撑辊间单位长度上的平均压力，$q = P/L$，N/m；

μ——带钢宽度与辊身长度比，$\mu = b/L$；

l——轴承支反力的间距，$l = l_0 - 2\Delta l$；

l_0——压下螺丝中心距；

Δl——偏移量，与轴承宽度 c、轧辊刚度、轧制压力、轴承及支座的自位性能
　　　　等因素有关，大约在 $(0 \sim 0.15)c$ 的范围内。

以上各式中 λ_1、λ_2、ξ、β 及 θ 各值，在不同条件下的计算方法列于表8-1。

表 8-1　　λ_1、λ_2、ξ、β 及 θ 各值

各符号所代表的参数	轧辊材料	
	全部钢轧辊	铸铁工作辊，钢质支撑辊
	$E_1 = E_2 = 220000\text{MPa}$ $G_1 = G_2 = 81000\text{MPa}$ $v_1 = v_2 = 0.35$	$E_1 = 170000\text{MPa}$，$E_2 = 220000\text{MPa}$ $G_1 = 70000\text{MPa}$，$G_2 = 81000\text{MPa}$ $v_1 = 0.2$，$v_2 = 0.35$
$\lambda_1 = \dfrac{E_1}{E_2}\left(\dfrac{d}{D}\right)^4$	$\lambda_1 = \left(\dfrac{d}{D}\right)^4$	$\lambda_1 = 0.773\left(\dfrac{d}{D}\right)^4$
$\lambda_2 = \dfrac{G_1}{G_2}\left(\dfrac{d}{D}\right)^2$	$\lambda_2 = \left(\dfrac{d}{D}\right)^2$	$\lambda_2 = 0.864\left(\dfrac{d}{D}\right)^2$
$\xi = \dfrac{RE_1}{4G_1}\left(\dfrac{d}{L}\right)^2$	$\xi = 0.753\left(\dfrac{d}{L}\right)^2$	$\xi = 0.674\left(\dfrac{d}{L}\right)^2$
$\beta = \dfrac{\pi E_1}{2}\left(\dfrac{d}{L}\right)^4$	$\beta = 3.454\times10^{11}\left(\dfrac{d}{L}\right)^2$	$\beta = 2.669\times10^{11}\left(\dfrac{d}{L}\right)^2$
$\theta = \dfrac{1-v_1^2}{\pi E_1} + \dfrac{1-v_2^2}{\pi E_2}$	$\theta = 2.634\times10^{-12}\,\text{m}^2/\text{N}$	$\theta = 3.11\times10^{-12}\,\text{m}^2/\text{N}$

8.3.3　轧辊的磨损

在轧制中工作辊与支撑辊均将逐渐磨损（后者磨损较轻），轧辊磨损则使辊缝形状变得不规则。影响轧辊磨损的主要因素是工作期内实际磨耗量（或轧辊凸度的磨损率，即轧制每张或每吨钢板轧辊凸度的磨损量）以及磨损的分布特点。不同的轧机由于轧制品种、规格及生产次序、批量的不同，磨损规律不一样，在辊型使用和调节时通常使用其统计数据。

8.3.4　原始凸度

轧辊磨削加工时所预留的凸度为磨削凸度，又称原始凸度。一般轧机在工作之初总要赋予轧辊一定的凸度，正或负，这样，就可以在原始凸度、热凸度、轧辊挠度的共同作用下，保证一定的辊缝凸度，最终得到良好的板形。

8.3.5　CVC 系统

课件：影响辊缝形状的因素2

CVC 辊为 Continuously Variable Crown 的缩写，当带有瓶状辊型的工作辊在相对向里或向外抽动时空载辊缝形状将变化。

正向抽动定义为加大辊型凸度的抽动方向。轧辊抽动量一般为 ±80mm 到 ±150mm，CVC 辊的辊型过去采用二次曲线，目前已开始采用高次（含3次及4次）曲线以有利于控制更宽更薄的热带。图 8-12 中 CVC 辊型曲线为了示意而被夸大，实际上辊型最大和最小直径之差不超过 1mm，当辊型曲线中最大最小直径差太大时将使轴向力过大而无法应用。工作辊双向抽动不仅用于 CVC 亦可用于平辊，此时主要目的不是用来改变轧辊凸度，而是用来使轧辊得到均匀磨损（特别是带边接触

处），这将使同宽度轧制公里数大为提高，因此对连铸连轧生产线十分有用。

CVC 辊技术在热轧时仅用于空载时辊缝形状的调节，因此主要用于板形设定模型对辊缝形状的设定，在线控制一般只用弯辊进行，但目前亦在研究当热轧采用润滑油轧制时是否将 CVC 用于在线调节。

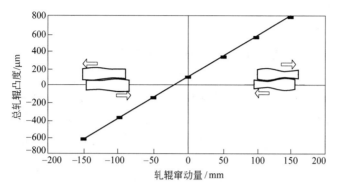

图 8-12 CVC 辊

8.3.6 PC 辊

PC 辊为 Pair Cross 的缩写，即上下工作辊（包括支撑辊）轴线有一个交叉角，上下轧辊（平辊）当轴线有交叉角时将形成一个相当于有辊型的辊缝形状，此时边部厚度变大，中点厚度不变，形成了负凸度的辊缝形状（相当于轧辊具有正凸度）。

因此 PC 辊为了得到正凸度辊缝形状就必须采用带有负辊凸度的轧辊。

轧辊交叉调节出口断面形状的能力相对说比较大（见图 8-13），但是由于轧辊交叉将产生较大的轴向力，因此交叉角不能太大否则将影响轴承寿命，目前一般交叉角不超过 1°。

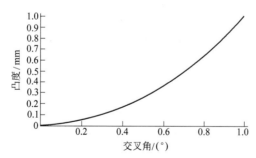

图 8-13 PC 轧机的凸度调节能力

PC 辊在应用中的另一个问题是轧辊的磨损，为此目前 PC 轧机都带有在线磨辊装置以保持辊缝形状的稳定。CVC 和 PC 是目前热连轧上应用最为广泛的板形技术。

8.3.7 HC 辊

HC 为 High Crown 的缩写，HC 为六辊辊系，在工作辊与支撑辊间加上了中间辊，通过中间辊的抽动来改变与工作辊的接触长度及改变辊系的弯曲刚度，HC 轧机在冷轧中应用较为广泛，由于可以采用较小的工作辊直径，因而往往在冷轧机用于加大压下量，但在热带轧机由于其对出口带钢凸度的调节能力较小，因而应用较少。

8.3.8　弯辊装置

弯辊装置由于响应快，并能在轧钢过程中调节出口带钢凸度，因此作为一种基本设置与 CVC、PC 或 HC 技术联合应用。

热带轧机（四辊轧机）一般安装的为正弯辊系统，即通过弯辊来加大辊凸度，这样利用设在工作辊轴承座上或牌坊凸台上的平衡缸，加大油压来产生弯辊力。板形设定时可将弯辊力设定到 50%。这样在轧钢时即可正向和反向调节。

8.4　板 形 设 定

课件：板
形设定

微课：板
形设定

板形设定是指通过对轧机压下、弯辊及串辊（HCW、CVC）或上下辊交叉角的设定，使带钢轧出后能获得要求的成品断面形状和平直度。

由板形方程可知，保证各机架出口带钢平直度的基本条件是，入口和出口相对凸度相等。因此，保持各机架出口带钢断面相对凸度恒定，是获得带钢平直度的基本方法，图 8-14 表示了相对凸度恒定的断面形状（凸度）设定法则。

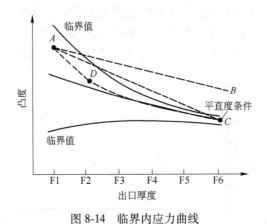

图 8-14　临界内应力曲线

如何同时保证成品要求凸度及带钢平直度，是板形设定模型要解决的问题。

相对凸度恒定，是获得平直带钢的理想条件，实际上，允许有一定的偏差，当某机架入口和出口相对凸度有差异时，将造成宽度方向的不均匀压缩，从而产生不均匀延伸，其实际后果将是在带钢宽度方向上存在不均匀内应力（残余应力）分布。这是造成带钢翘曲的根本原因，但是带钢翘曲程度除内应力大小外，还决定于带钢的自身刚度。实际上，也可看到，当带钢较厚时，将不容易产生翘曲（厚度较大、长度较短的厚板，当存在不均匀延伸时，只可能产生舌头形或燕尾形端部，而不容易产生翘曲），因此不同厚度的带钢都存在一个残余应力临界值，只有当残余应力超过此值时，才真正发生翘曲，临界值与厚度平方成正比，图 8-14 上临界值线为允许的"凸度恒定"偏差值，亦即在临界线范围内的各机架相对凸度分布仍能保持带钢平直度，由图可知，允许偏差在精轧头几个机架处（F1、F2）较大，往后迅速变小，这为同时达到成品断面形状和平直度提供了条件。

设精轧来料的断面凸度为 A 点，如按相对凸度恒定原则设定轧机，末机架出口处凸度为 B 点，亦即虽保证了平直度，但成品凸度高于所要求的 C 点，如果此时按照获得 C 点为目标来设定轧机，则超出了限制线，亦即不能得到平直的带钢。为此，板形设定模型应充分利用头两个机架限制条件较宽的条件来设定 F1、F2 机架，使 F2 机架出口凸度达到 D 点，然后后面各机架设定成保持相对凸度恒定而达到 C 点，从而同时达到了成品凸度和平直度。由此可见，在设计轧机时，应使 F2 机架具有较强的改变辊缝形状的能力。

改变一个机架出口带钢断面凸度，亦即改变该机架的有载辊缝形状，影响辊缝形状的因素较多，但能够控制的只有：

（1）轧制力；

（2）弯辊力；

（3）用 HCW、CVC 或 PC 机构改变可控辊型。

对热轧来说，在轧制状态下能够调整有载辊缝形状，主要是靠弯辊装置（轧制时轧制力对板形来说已成为扰动量），因此希望设定时不过多利用弯辊。

因此，对设置有 HCW、CVC 或 PC 机构的现代轧机，板形设定（或称为断面凸度设定）主要靠这些装置，而对老的轧机，则只能靠合理负荷分配（轧制力分配）来保证带钢头部板形（凸度和平直度）。

8.5　板形自动控制系统

板形设定模型和厚度设定模型一样，只能保证带钢穿过精轧机组后的头部质量，正如带钢全长的厚度由于各种因素而发生变动，需采用厚度自动控制系统（AGC）来保持带钢全长厚度品质一样，带钢全长的板形（凸度和平直度）亦需有相应的板形自动控制系统（ASC）来控制。ASC 系统有以下功能：

（1）前馈板形控制（FF-ASC）；

（2）反馈板形控制（FB-ASC）；

（3）监控系统（MN-ASC）。

板形设定与板形控制示意图如图 8-15 所示。

8.5.1　FF-ASC

FF-ASC 目前采用较多，其内容包括以下两部分：

（1）热凸度及磨损凸度的补偿；

（2）轧制力变化的补偿。

前者为一缓慢变化过程，如果轧制节奏稳定，则换辊半小时后热凸度将逐渐趋向稳定，而磨损凸度如带钢长度不大，则在一根带钢的头尾间差别亦不会很大。

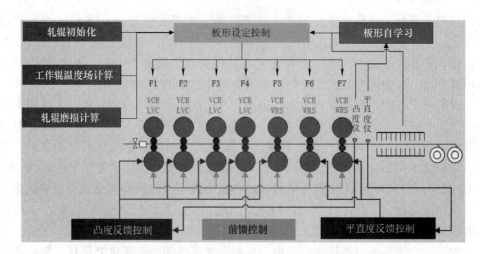

图 8-15 板形设定与板形控制示意图

后者为一快速变化过程，可以是由于轧件温度等条件变化而变，但更主要的是当 AGC 投入控制时，将会使轧制力频繁变化。

FF-ASC 在 AGC 投入后，开始周期地对 F4~F7 机架弯辊进行补偿控制，直到带钢离开前一个机架为止，控制算法为：

（1）预测出各机架 AGC 引起的轧制负荷变动，及由此而对成品平直度的破坏程度；

（2）计算出各机架弯辊力的影响系数及增益；

（3）计算机为了保持平直度不受破坏所需的增加的各机架弯辊。

当操作员介入时，FF-ASC 计算出的各机架弯辊力将保持不变（操作员的操作将在此保持值基础上加或减），当操作员介入终了时，对当时的轧制力及热辊型值再次锁定，并以此新锁定值为基础继续进行各项计算，并给出各机架弯辊力控制值。

FF-ASC 的目的是保持带钢全长凸度及平直度等于头部的设定值。

8.5.2 FB-ASC

FB-ASC 主要根据精轧出口处平直度测量仪的实测结果，反馈调整后两个机架的弯辊力来保证带钢平直。但由于当卷取机卷入带钢头部而使末机架与卷取机夹送辊间产生一定张力后，目前所用的平直度仪将无法再测出带钢翘曲度，因此其控制作用仅是带钢头部 100 多米。

FB-ASC 在平直度仪 ON 开始，高速周期地根据实测平直度与目标平直度之差进行 PI 控制，并根据计算的 F7 弯辊影响系数控制 F7 的弯辊，当卷取机咬入带钢（电流负荷继电器 ON），将当时弯辊力保持，前馈控制（F7）时，此值将作为弯辊力锁定值，当操作员介入时，此弯辊力仍将保持不变。

由于平直度检测的困难（只能检测头部 100 多米的平直度），因此 FB-ASC 的效果往往不很理想，目前大部分热轧板厂，板形控制主要是依靠凸度设定和 FF-ASC，再加上凸度和平直度的自学习，基本上都能取得良好的效果。

8.5.3 MN-ASC

MN-ASC 主要是根据精轧出口处断面形状（凸度）的测量，将偏差经积分后传递到各机架，用于弯辊力的修正，修正方法与监控 AGC 相似。

复习思考题

1. 填空题

1-1 板形是指成品带钢＿＿＿＿＿＿＿＿和＿＿＿＿＿＿＿＿两项指标。

1-2 带钢断面形状对于不同用途的成品有着不同要求，作为冷轧原料的热带卷，要求＿＿＿＿＿＿＿＿＿＿＿＿，而成品热带卷则希望＿＿＿＿＿＿＿＿＿＿＿。

1-3 影响轧辊磨损的主要因素是＿＿＿＿＿＿＿＿＿＿＿＿＿＿＿＿＿＿＿＿＿＿＿＿。

1-4 影响辊缝形状的因素有＿＿＿＿＿＿＿＿、＿＿＿＿＿＿＿＿、＿＿＿＿＿＿＿＿、＿＿＿＿＿＿＿＿、＿＿＿＿＿＿＿＿。

2. 判断题

2-1 理论上残余压应力将使带钢产生翘曲（浪形），实际上，由于带钢自身的刚性，只有当内部残余应力大于某一临界值后，才会失去稳定性，使带钢产生翘曲（浪形）。此临界值与带钢厚度、宽度有关。　　　　　　　　　　　　　　（　　）

2-2 在来料平直度良好时，入口和出口相对凸度相等，这是轧出平直度良好的带钢的基本条件。　　　　　　　　　　　　　　　　　　　　　　　　　（　　）

2-3 为了保证操作稳定，轧制过程中的辊缝必须是凸形的。　　　　　　（　　）

2-4 违背了"板凸度一定"原则，一定会出现浪形或瓢曲。　　　　　（　　）

2-5 板带越薄，保持良好板形的困难也就越大。　　　　　　　　　　（　　）

2-6 12mm 以上厚度时相对凸度的改变受到限制较小，即不会因为适量的相对凸度改变而破坏平直度。因此将会允许各小条有一定的不均匀延伸而不会产生翘曲。（　　）

2-7 厚度 6~12mm 时不存在横向流动，因此应严格遵守相对凸度恒定条件以保持良好平直度。　　　　　　　　　　　　　　　　　　　　　　　　　　　（　　）

2-8 支撑辊的弹性弯曲以及支撑辊与工作辊间的相互弹性压扁的不均匀性决定了工作辊的弯曲挠度。　　　　　　　　　　　　　　　　　　　　　　　　　（　　）

3. 单选题

3-1 作为冷轧原料的热带卷要求带钢断面形状呈（　　　）。

　　A. 接近矩形　　　　B. 矩形　　　　　C. 凸形　　　　　D. 凹形

3-2 作为成品热带卷要求带钢断面形状呈（　　　）。

　　A. 接近矩形　　　　B. 矩形　　　　　C. 凸形　　　　　D. 凹形

3-3 带钢边部厚度测量时一般取（　　　）。

　　A. 离实际带边 10mm 处　　　　　　B. 离实际带边 20mm 处

　　C. 离实际带边 30mm 处　　　　　　D. 离实际带边 40mm 处

3-4 带钢边部减薄形成的原因是（　　　）。

　　A. 弯曲挠度　　　B. 磨损　　　　C. 弹性压扁　　　D. 热凸度

3-5 一个 I 单位相当于相对长度差为（　　　）。

　　A. 10^{-6}　　　　B. 10^{-5}　　　　C. 10^5　　　　D. 10^6

3-6 以 I 为单位表示的板形数量值为相对长度差的倍数为（　　　）。

　　　　A. 10^{-6} 　　　　　　　B. 10^{-5} 　　　　　　C. 10^{5} 　　　　　　D. 10^{6}

3-7　应严格遵守相对凸度恒定条件以保持良好平直度的厚度条件是（　　）。

　　　　A. 小于 6mm　　　　B. 6~12mm　　　　C. 12~18mm　　　D. 大于 18mm

4. 名词解释题

4-1　平直度。

4-2　轧辊的挠度。

4-3　轧辊的实际凸度。

4-4　轧辊凸度的磨损率。

4-5　原始凸度。

5. 简答题

5-1　列举带钢断面形状的表示方法。

5-2　断面形状用一多项式表示为 $h(x) = he + ax + bx^{2} + cx^{3} + dx^{4}$，解释各参数的含义。

5-3　列举带钢平直度的表示方法。

5-4　热带生产时，冷轧原料和成品热带卷对厚度和板形有哪些不同要求？

5-5　为什么说断面形状和平直度是两项独立指标，但相互存在着密切关系？

5-6　影响辊缝形状的因素有哪些？

5-7　热带轧制时粗轧、精轧机组板形控制有什么不同？

5-8　如何同时保证成品要求凸度及带钢平直度？

5-9　热连轧薄规格带钢时，平直度良好，成品凸度大，如何调整？

5-10　普通轧机和特殊轧机靠什么完成板形设定，靠什么完成板形控制？

9 轧制计划编制

9.1 轧制计划编制依据

轧制计划表是决定板坯轧制顺序和轧制量的主要依据，热轧轧制计划表通常以轧机工作辊的一个换辊周期为一个轧制单位。它直接影响产品质量、成材率、能耗和轧制能力等。因此，制订轧制计划是热轧生产过程中的一个重要环节，同时在制订轧制计划时要充分考虑各种限制条件，使轧制计划更符合生产实际。

近几年来随着炼钢和热轧的连续和同步以及热轧厚度自动控制技术和自由轧制技术的应用，解除了部分轧制计划的限制条件，如自由轧制和在线磨辊技术的应用，轧制公里数可增加，对宽度限制也可放宽；又如厚度自动控制技术对厚度限制可放宽等。但轧辊的热膨胀、轧辊的磨损、加热炉加热、轧制工艺等限制条件还没有完全解除。因此，编制轧制计划时要充分考虑这些限制条件，这也是我们编制轧制计划的主要依据。

9.1.1 由合同计划转化为生产计划

在编制轧制计划前，首先要由有关部门（如生产、经营或质量部门）进行合同处理，在计算机管理条件下对合同进行编码，然后由生产部门将合同计划转化为生产计划，确定合同的计划生产日期，并向炼钢、连铸厂下达坯料生产指令，待热轧坯料到达热轧厂板坯库后，才可以开始进行轧制计划编制。

随着连铸-连轧生产工艺的普遍使用，要求从炼钢、连铸到轧钢实现有节奏的均衡连续化生产。需要制定炼钢、连铸到轧钢一体化的生产计划。

9.1.2 轧辊的热胀和冷缩

在轧制每卷带材时轧辊温度升高，在轧制间隙时间里轧辊温度降低。轧辊的温度随时间呈指数规律变化。热轧带钢时一个轧制单位内轧辊中部温度的升高，如图9-1所示。在轧制中沿辊身长度方向上，轧辊的受热和散热条件不同，一般是辊身中部较两侧的温度高，因而辊身由于温度差产生一相对热凸度。

根据在1467mm热轧带钢轧机上获得的统计分析数据，西巴金等指出：轧机的温升时间接近30min。轧制30min后立即测量轧辊热胀，表明工作辊中部的热胀量几乎完全由30min内的接触时间决定，即由轧制速度决定。在开始的30min内，轧辊中部的热胀与接触时间为线性关系，对于精轧机组的前几个机架，这一热胀要大。沿轧辊长度方向的热膨胀分布与温度的分布呈近似的比例关系。在最初的30min内，轧材的平均宽度对此分布有一定影响，而对中部膨胀的幅度无影响。将

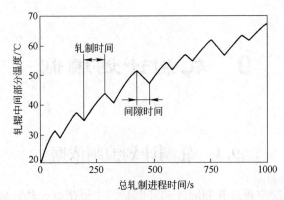

图 9-1　热轧带钢时一个轧制单位内轧辊中部温度的升高

此分布曲线与抛物线对比，其温度梯度在轧辊两端小，在带钢边部附近大，如图 9-2 所示。

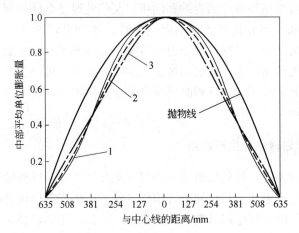

图 9-2　在带材宽向不同点处对应每单位中心膨胀的平均断面膨胀

1—宽度 = 1016mm；2—宽度 = 762mm；3—宽度 = 508mm

　　克诺克斯（Knox）和莫尔（Moore）在热轧带钢轧机上对轧辊热凸度进行了在线测量，测量表明工作辊的热凸度在轧制每一卷带材时都有显著的变化。轧辊热凸度形状是带材宽度的函数，窄些的带材会导致倒钟形的外廓，如图 9-3（a）所示；而宽些的带材则产生一个近似半圆的形状，如图 9-3（b）所示。测量结果还表明轧辊的热凸度在热轧带钢轧机机组的后几架轧机上显著减小，轧辊热凸度的突然减小可归因于在后几架轧机上带材的温度越来越低及变形能量越来越少。

9.1.3　轧辊的磨损

轧辊磨损的两种形式为总磨损和局部磨损。

9.1.3.1　热轧带钢轧机工作辊的局部磨损

在热轧带钢轧机上，可经常见到如下两类典型的工作辊局部磨损。

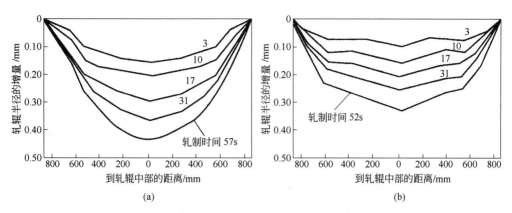

图 9-3 1727mm 热轧带钢轧机 F2 机架在轧制不同宽度带材后的轧辊半径增加
(a) 带材宽度为 840mm 时；(b) 带材宽度为 1270mm 时

（1）带钢边部附近的轧辊局部磨损。在带材边部附近工作辊的压扁变形迅速变小，这会在辊身的过渡带产生局部的张应力，而在此过渡带同时又有剪切应力的作用。其结果是，与轧辊其余部分的磨损相比，在带材边部的磨损更大。

假定带材边部的绝对局部磨损 C_e 和带材中部的绝对局部磨损 C_m 成正比（见图 9-4），即：

$$C_e = kC_m$$

式中 k——轧辊磨损增量系数。

当带材边部的轧辊磨损带取 $a = 10mm$，$b = 50mm$ 时，轧辊磨损的增量系数 $k = 1.3$。

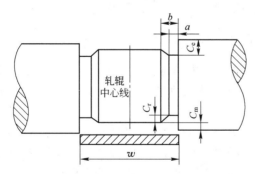

图 9-4 轧辊的绝对局部磨损模型
C_m—带材中部磨损；C_e—边部磨损；C_r—带材边部轧辊局部磨损偏差

在带材边部轧辊局部磨损的偏差（同中部相比）为：

$$C_r = C_e - C_m$$

在七机架热轧带钢精轧机组中，局部磨损偏差量 C_r 在上游机架 F1 和 F2 上很小，到 F5 机架时达到最大值 $C_r = 0.5mm$，如图 9-5 所示。

（2）带钢边部之间的轧辊局部磨损。此类磨损可因带钢上下表面在高压水除鳞时的不均匀冷却而引起。吉尔伯森（Gilbertson）发现在除鳞后带钢表面呈明显的条带状。

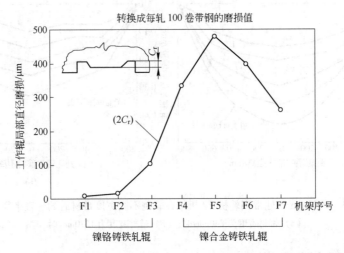

图 9-5　在热轧带钢精轧机组中，每轧制 100 卷带钢时工作辊的局部磨损偏差

在不同的条带中，晶粒尺寸有着明显的差别。如在低温带中，晶粒尺寸范围为每平方毫米 1700~2000 个，而在高温带中则为每平方毫米 1100~1300 个。细晶粒带要硬得多，因而与粗晶粒带相比对变形产生了更大的阻力。也因为这个原因，细晶粒带比粗晶粒带更能磨损轧辊。

为了改善带钢边部附近的轧辊局部磨损的一个办法是不断减小轧件的轧制宽度；其次支撑辊与工作辊之间也存在这种局部磨损，支撑辊这种局部磨损，使支撑辊的作用所有改变，因此在编制轧制计划时也要考虑支撑辊的磨损，将薄的、要求高的产品放在支撑辊更换后的前三天内进行轧制。

9.1.3.2　热轧带钢轧机工作辊的总磨损

图 9-6 给出了工作辊总磨损的典型形式和程度，这是从 1422mm 热轧宽带轧机精轧机组的 F1 到 F6 机架上观察到的。这两个图中，轧辊室温下原始外形以虚线表示。

工作辊的总磨损受轧制不同宽度带钢时的总吨位的影响。在图 9-6 中可以见到，按轧制规程描绘出的累积的吨位-宽度分布曲线与机架 F3 到 F6 工作辊磨损的外廓在形状上很相似。这一关系可从图 9-7 中看得更清楚，图 9-7 显示了吨位-宽度曲线，还有 2436mm 热轧带钢精轧机组上 F5 机架的工作辊磨损。观察图 9-6、图 9-7，可以看到，工作辊的总磨损一般是不均匀的。

根据西巴金的研究，在热轧带钢精轧机组中轧辊总磨损的偏差（即因磨损导致的轧辊中部和两端的半径差）与轧制力成线性比例关系，如图 9-8 所示。可以明显地看到，机架 F1 和 F2 的总磨损随着吨位的增加只有少量的增加，而在机架 F4、F5 和 F6 中则迅速增加，其中机架 F3 似乎是轻微磨损与严重且迅速磨损的一个过渡。

为了便于比较，轧辊磨损可以用如下的单位磨损量的形式作定量表示：

（1）轧制每吨钢的轧辊磨损为 W_t；

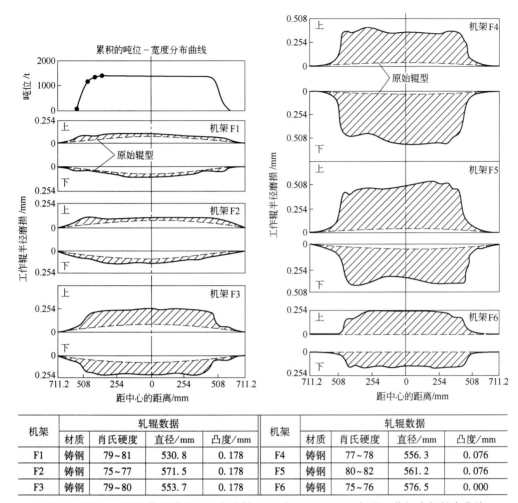

机架	轧辊数据				机架	轧辊数据			
	材质	肖氏硬度	直径/mm	凸度/mm		材质	肖氏硬度	直径/mm	凸度/mm
F1	铸钢	79~81	530.8	0.178	F4	铸钢	77~78	556.3	0.076
F2	铸钢	75~77	571.5	0.178	F5	铸钢	80~82	561.2	0.076
F3	铸钢	79~80	553.7	0.178	F6	铸钢	75~76	576.5	0.000

图 9-6 1422mm 热轧带钢精轧机组在轧制 1415t 钢后 F1~F6 机架的工作辊磨损轮廓曲线

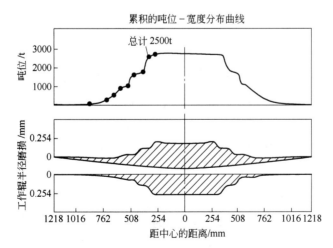

图 9-7 2436mm 热轧带钢精轧机组在
轧制 2500t 钢后 F5 机架的工作辊磨损轮廓曲线

（轧辊材质：双浇铸铁；轧辊硬度：肖氏硬度 82~85；轧辊直径：688mm；轧辊凸度：0.356mm，凸辊）

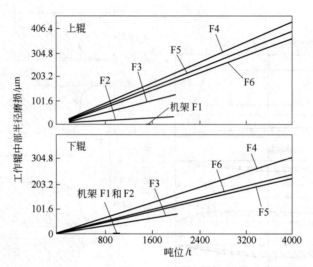

图 9-8　在 1473mm 热轧带钢轧机上，上下工作辊总磨损的偏差与轧制吨位的函数关系

（2）轧制单位长度带钢的轧辊磨损为 W_L。

如图 9-9 所示，轧辊的单位磨损值对于机架 F1 的工作辊来说相对较小。这些值从 F2 机架开始变大，到 F4 机架达到最大值。但是，轧制单位长度带钢的轧辊磨损值 W_L 在 F3 机架上为最大。

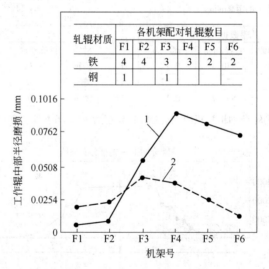

图 9-9　1422mm 热轧带钢精轧机组各机架的工作辊磨损比较
1—W_t = 每轧 1000t 带钢的轧辊磨损；2—W_L = 每轧 13716m 带钢的轧辊磨损

9.2　轧　制　单　位

精轧机的轧制单位编制如图 9-10 所示。它的结构形状就像一支钢锭，原则上是由宽向窄（轧辊磨损原因），由厚向薄（厚度精度的要求，开始轧制由厚向薄，

然后由薄向厚）过渡，在改变厚度时要尽可能缩小厚度设定改变的范围，保证板材平直的板形，同时也要防止尾部叠入。

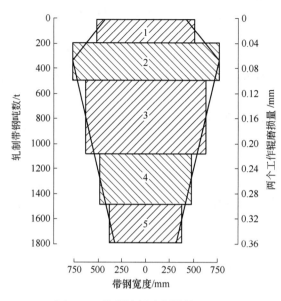

图 9-10　轧制计划编制结构原理图

根据轧材在轧制单位中的位置，把轧材分为烫辊材、过渡材、主轧材、轧辊利用材。

9.2.1　确定轧制单位中的主轧材（重点质量保证产品）

确定轧制单位中的主轧材时应满足以下条件：
（1）产品大纲中的极限材；
（2）在同一生产期内宽厚比较大的产品；
（3）板形或厚度差要求严格的产品；
（4）在同一生产期内产品质量要求高，有一定操作控制难度的产品。

9.2.2　在轧制单位的开始阶段，安排一定量的烫辊材

A　安排烫辊材的目的
（1）换辊后辊缝值设定的检查。
（2）适应性的操作与调整。
（3）预热轧辊使辊型能进入理想状态。

B　烫辊材的选择条件
（1）软钢 $w(C) \leqslant 0.10\%$。
（2）最易轧的尺寸：$(2.8 \sim 3.2)\,mm \times (900 \sim 1100)\,mm$。
（3）品质要求一般，且容易达到的产品。
（4）数量：根据操作水平，一般 $3 \sim 5$ 卷。

9.2.3 过渡材

烫辊材与主轧材之间的轧材称为过渡材。过渡材的选择条件如下：

（1）产品的厚度、宽度、轧制变形抗力，尽量接近主轧材，且符合厚度、宽度的过渡原则；

（2）要求的加热温度、终轧温度与主轧材差别不大；

（3）充分满足操作调整的要求，如速度、压下、活套等，在轧主轧材时不需作大的调整；

（4）在满足操作调整的前提下，数量尽可能减少，目的是为轧主轧材创造最好的辊型条件。

9.2.4 轧辊利用材

主轧材之后统称为轧辊利用材。

A　安排的目的

（1）充分利用轧辊，降低辊耗。

（2）减少换辊时间，增加产量。

B　选择的条件

（1）能保证产品厚度精度与板形。

（2）轧辊磨损均匀，不因局部磨损过大而增加轧辊磨削量。

（3）轧材尺寸变化符合宽度厚度的过渡原则。

精轧机的轧制单位示例如图 9-11 所示。

图片：轧制单位示例

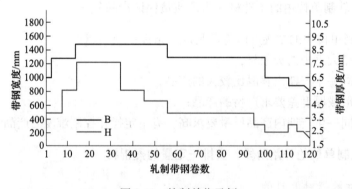

图 9-11　轧制单位示例

9.2.5 支撑辊一个工作周期中轧制计划安排规则

在一个支撑辊更换周期中，一般是先轧厚计划和宽厚计划，以及对表面要求不严的带钢，如焊管用料。这是由于板坯在炉时间长，氧化严重，表面质量不好，而这些带钢的厚度公差范围较大，表面质量要求不高。在这以后生产宽薄计划，然后再生产规格较严的产品，如中计划与表面质量要求较严的产品。到了支撑辊更换后的后期，这时候生产窄板、花纹板、厚板，混在一起轧制。

不锈钢和其他易轧品种也在这时候生产，这时虽然支撑辊磨损较大，但可通过 CVC 或 PC 来解决。

9.2.6 轧制单位排序

由于粗轧机的换辊周期比较长，因此，编制精轧轧制单位时要充分考虑粗轧换辊周期，在一个粗轧换辊周期内精轧轧制单位排列如图 9-12 所示。一个粗轧换辊周期相当于 5~8 个精轧换辊周期。

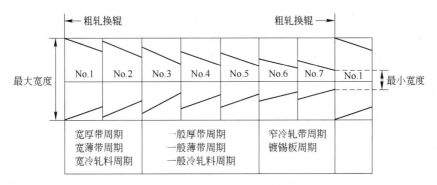

图 9-12　粗轧换辊周期内精轧轧制单位排列

9.3　轧制单位编制细则

9.3.1　宽度、厚度过渡原则

9.3.1.1　宽度过渡原则

（1）从烫辊材到主轧材的宽度跳跃原则上由窄到宽，从主轧材到轧辊利用材宽度跳跃原则上由宽到窄，某 1700mm 热带规定相邻两轧制批的宽度差一般为 50~100mm，最大 250mm，当宽度差不大于 20mm 时，可视为同一宽度；某 2050mm 热带规定相邻两轧制批的宽度差不大于 150mm，最大 300mm，当宽度差不大于 50mm 时，可视为同一宽度。

（2）优先考虑厚度过渡时，宽度也可由窄到宽，但相邻两轧制批的宽度差，某 1700mm 热带规定 $B_{max} \leqslant 100mm$，某 2050mm 热带规定 $B_{max} \leqslant 200mm$，其轧制量减为由宽到窄轧制量的 1/4~1/3。

9.3.1.2　厚度过渡原则

（1）一般由厚到薄变化，厚度变化值越小越好，某 1700mm 热带规定最大变化值，当 $h<4.0mm$ 时，厚材为薄材的 2.5 倍；当厚度 $h>4.0mm$ 时，厚材为薄材的 3.5 倍；某 2050mm 热带规定不同的带钢厚度范围，允许的厚度跳跃值不同，厚度跳跃值必须满足表 9-1 的规定。

表 9-1　不同带钢厚度范围的厚度跳跃值

厚度范围/mm	厚度跳跃量/mm	最大跳跃量/mm	特殊跳跃量/mm
1.20~1.74	≤0.25	≤0.25	≤0.45
1.75~2.25	≤0.30	≤0.70	≤0.70
2.26~4.00	≤0.50	≤1.00	≤1.50
4.01~12.70	≤厚度×25%	≤厚度×30%	≤厚度×50%
12.71~25.40	≤4.50	≤5.50	≤5.50

（2）需要由薄向厚过渡时，轧制量应比由厚向薄过渡减少 $1/3 \sim 1/2$。

注意：钢质不同时，由软钢向硬钢过渡；钢质相同时，由厚度公差小的向厚度公差大的过渡，两者重复时，优先考虑厚度公差。

9.3.2　硬度过渡原则

材料的硬度数值与强度有关，它可以用以下经验公式表示：$\sigma_b = 0.36HB$（kg/mm²），按硬度大小进行分组，见表 9-2。

表 9-2　硬度分组

硬度组	1	2	3	4	5	6	7	8
硬度	>28~34	>34~40	>40~46	>46~52	>52~58	>58~64	>64~70	>70~76

（1）同一计划中相邻两种硬度组的差值最大为 3。

（2）烫辊材、过渡材前八块带钢的硬度组最高值为 2。

（3）硬度组不小于 4，有特殊规定的品种钢如：高表面质量钢、集装箱钢、管线钢、对平直度、厚度公差有特殊要求的钢，以及硬度组不小于 5 的带钢要尽量集批编排。

9.3.3　终轧温度、卷取温度跳跃原则

（1）出炉温度最大跳跃值为 30℃，特殊品种钢及新试产品不受出炉温度最大跳跃值限制。

（2）终轧温度最大跳跃值为 60℃。

（3）卷取温度最大跳跃值为 90℃。

9.3.4　轧制数量限制

为了提高经济效益，减少能耗，一般轧制计划都做得尽可能大，一个轧制计划一般可以按 120km、2000t 钢卷的轧制单位安排，根据各厂设备情况不同，产品难易不一，轧制单位可大可小，如采用 CVC、PC、WRS、热轧润滑等轧制技术，则轧制单位可以做得较大。

由于不同厚度的带钢即使轧制的实际公里数相同，其对轧辊的磨损程度也不同。因此，采用计算公里数来反映带钢的轧制长度。带钢的计算公里数与实际公里数的关系如下：

$$计算公里数 = 长度折算系数 \times 实际公里数$$

某 2050mm 热带车间带钢长度折算系数及编入计划的带钢同宽公里数参见表 9-3。

表 9-3 某 2050mm 热带车间带钢长度折算系数及编入计划的带钢同宽公里数表

厚度范围/mm	折算系数	相同宽度公里数/km	50mm 范围宽度公里数/km
1.20~1.49	1.75		
1.50~1.74	1.65		
1.75~1.99	1.55		
2.00~2.34	1.35		
2.35~2.79	1.15	30（润滑轧制 45）	50（润滑轧制 60）
2.80~3.49	0.95		
3.50~4.99	0.85		
5.00~8.99	0.80		
9.00~25.4	0.75		

某 2050mm 热带车间不同计划类型及表面质量等级的带钢编入计划的最大计算公里数见表 9-4。

表 9-4 某 2050mm 热带车间不同计划类型及表面质量
等级的带钢编入计划的最大计算公里数表 （km）

计划类型	表面等级			
	1 级表面	2 级表面	3 级表面	4 级表面
窄计划	80（85）	120（120）	140（160）	160（180）
中计划	80（85）	120（120）	140（160）	160（180）
宽薄计划	80（85）	120（120）	140（160）	160（180）
宽厚计划	40（85）	50（120）	70（160）	80（180）

注：括号中为润滑轧制公里数。

某 1700mm 热带同宽最大带长及单位最大带长见表 9-5。

表 9-5 某 1700mm 热带同宽最大带长及单位最大带长表

单位号	单位名称	厚度/mm	宽度/mm	同宽最大带长/km	单位最大带长/km	备注
V	薄板窄单位	1.2~1.8	640~1100	60	110	特别管理材
U	薄板宽单位	1.2~1.8	400~1300	60	110	一般轧材
g	中板窄单位	1.8~6.0	640~1000	25	80	低合金优先
R	中板宽单位	1.8~6.0	900~1300	50	115	特别管理材
T	厚板窄单位	4.0~13.0	800~1100	60	110	特别管理材
X	厚板宽单位	4.5~13.0	900~1300	60	170	一般轧材
A	冷轧单位	1.8~4.5	900~1300	60	170	冷轧材优先

9.3.5 其他应考虑的问题

为配合定期检修轧制计划的编制，它受到加热炉升温、保温、轧机更换支撑辊以及炼钢、交货期等限制，主要考虑如下问题：

（1）从支撑辊磨损来考虑，在每一支撑辊更换周期的前半期轧制宽单位的钢板；

（2）定修，停炉或一个班以上的停轧之后，为了支撑辊的预热和达到预定的温度希望轧制"中单位的带钢"；

（3）要充分考虑轧辊的修配研磨能力，编制轧制单位的顺序和吨位时要充分考虑；

（4）受合同和精整场地能力的限制，要优先考虑这一因素，来安排轧制单位的顺序和轧制单位的大小；

（5）定修前的轧制单位，为了考虑炉修和炉内温度保温状况，希望安排轧制温度要求低的轧制单位；

（6）炉检修后第一天不安排加热温度高的产品；

（7）加热炉供热能力不足时，不安排加热温度高，对加热时间有要求的产品；

（8）对加热温度、加热时间有特殊要求的材质，其前后应尽可能安排对加热温度、加热时间适应性大的材质；

（9）相邻两批的加热温度差，应不大于板坯加热温度允许的偏差值；

（10）有特殊要求的材质尽可能集中安排轧制；

（11）粗轧机组有空设机架时，R1 空设，不安排厚度大的板坯，R3 或 R4 空设要注意板的装炉长度；

（12）一台卷取机工作时，不安排二列材；

（13）精轧机组有空设机架不安排 $h \leqslant 2.5mm$ 的产品；

（14）轧机主传动系统对轧制负荷有限制时（设备原因），应按所限制的负荷安排生产。

9.4　自由排序轧制技术

9.4.1　自由排序轧制的背景

课件：自
由排序轧
制技术

传统上确定轧制计划的做法，是必须按照一定的规则来安排所生产产品的规格、品种，例如在上节所提到的，在一个换辊周期内，产品的宽度轧制顺序应符合钢锭形原则，如图 9-10 所示。这种安排轧制计划的方式是与钢材买方市场的现实相矛盾的，轧钢厂最好能按照用户的需求安排轧制计划，而不能拘泥于已有形式；另一方面，以大幅度节能为目标开发出的连铸连轧直接轧制技术，也需要突破传统轧制计划的限制，开发应用自由排序轧制技术（Schedule Free Rolling，简称 SFR）。

微课：自
由排序轧
制技术

9.4.2　自由排序轧制的相关条件

以钢锭形规程为特征的传统轧制计划是人们在总结轧辊磨损、板形控制、稳定穿带等多方面的经验的基础上提出的，从技术的角度来看有其合理性。要突破传统轧制计划规程的限制，必须有一套相应的技术保证措施，其中主要包括以下几种。

（1）工作辊横移。工作辊沿轴向往返移动，可以分散轧辊局部的过量磨损，使热凸度均匀分布，是自由排序轧制中最重要的相关技术。常用的轧辊横移策略有定步长周期横移和变步长周期横移两种，其中定步长横移是每轧一卷（或几卷）上下轧辊向相反方向移动一小距离，移动到极限位置后，再向各自的相反方向按照相同的步长移动。这种方式算法简单，容易实现。变步长横移的思想是根据磨损量的分布情况来确定每一步的横移距离，初始阶段采用较小的移动距离，当接近极限位置时，采用较大的移动距离。这样可使磨损分布更为均匀。WRS 轧机周期横移法如图 9-13 所示。

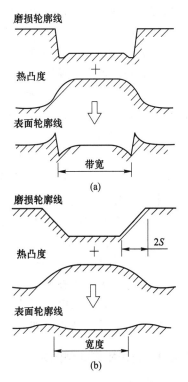

图 9-13　WRS 轧机周期横移法

图片：WRS 轧机周期横移法

值得注意的是，采用工作辊横移后，轧辊的受热区域扩大为板宽加横移量，在接近板边处轧辊的热膨胀量较原来有很大变化，膨胀曲线变得光滑，热凸度仅为传统值的一半左右。采用横移与不采用横移轧辊轮廓曲线如图 9-14 所示。

在普通四辊轧机上采用工作辊横移需要增加横移机构，对已有横移机构的 CVC 轧机，因 CVC 辊形曲线的限制，不能采用周期往返式横移，因而近年有将 CVC 机组的后两架轧机（F6、F7）改为平辊横移的趋势，以适应自由排序轧制的需要。精轧机优化布置方案如图 9-15 所示。

（2）热轧润滑。润滑是减轻轧辊磨损、改善带钢表面质量、降低轧制力、减少电耗和辊耗的有效措施。适当的边部润滑可以明显减轻局部磨损量，增加同宽轧制长度。

（3）新材质轧辊。精轧机组前部机架工作辊已由耐磨性能优良的高铬轧辊代替了传统的高碳铬镍铸铁轧辊，使耐磨性提高了 50%，其轧制吨数也可按比例增加。近年来在热连轧中使用高速钢轧辊取得成功，轧辊寿命可提高 3 倍以上。

图 9-14　轧辊轮廓曲线
（a）不采用横移；（b）采用横移

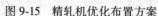

图 9-15　精轧机优化布置方案

（4）高精度设定模型。采用自由排序轧制时，由于产品的宽度、厚度、钢种跳跃的范围大，数学模型系数的短期自适应变得很困难。这就要求有更高精度的初始设定模型和高精度的调整技术，以确保轧件尺寸和板形的高精度控制。为了适应自由排序轧制的要求，轧件的变形抗力模型、轧件温度模型、轧辊磨损和热凸度模型等都要相应提高精度。同时要按钢种、规格细化自适应系数，使之能够在产品范围大幅度变化的情况下，对数学模型系数进行跟踪调整，对各种情况都能保持较高的预报和设定精度。

（5）增强版凸度控制能力。采用自由排序轧制时，无规则的变化产品的宽度、厚度，势必增加板形控制的难度，故需要有更为强大、更为精确的板形、板凸度控制能力。对现有轧机进行改造增加自由排序轧制功能时，可以采用大凸度支撑辊（New Backup roll Crowning Mill，简称 NBCM）配合强力弯辊的办法来增强轧机的板凸度控制能力。

（6）蛇行控制。工作辊沿轴向往返移动，势必增加轧机左右两侧轧制力和变形出现不严格对称的可能性，导致容易出现轧件跑偏或侧弯，因而需要进行蛇行控制。利用液压压下的高精度设定和高速响应特性，对轧机进行快速高精度水平调整，使轧机左右两侧轧制力差或比轧制力差（两侧轧制力差/两侧轧制力和）恒定，保持轧件平直前进。

（7）宽向大压下和高精度宽度控制。以少数几种宽度的板坯生产出多种规格的产品需要宽向大压下技术，另一方面宽向变形加大的同时，会加大轧件头尾的不均匀变形，影响宽度精度。因此，采用自由排序轧制的相关技术中应包括宽向大压下和高精度宽度控制技术，如大立辊或调宽压力机、立辊短行程及 AWC 等。

9.4.3　自由排序轧制的效果

采用自由排序轧制，解除了安排轧制计划时所受到的各种限制条件，使轧机具有更强的市场竞争能力。此外，具备自由排序轧制能力的轧机，还可以采用低温轧制，增加热装炉和直接轧制的比例，从而大幅度降低加热炉的燃料消耗，收到节能的效果。国外某厂采用自由排序轧制的效果见表9-6。

表9-6 自由排序轧制的效果

项目	过去	自由排序轧制后	项目		过去	自由排序轧制后
板厚变化	1/2~2倍	1/4~4倍	初始辊型曲线		8种	1种
由窄变宽	0	自由	混合轧制	不同钢种	不行	行
同宽轧制长度	23km	90km		冷热坯混装	不行	行

复习思考题

1. 填空题

1-1 轧辊磨损的两种形式为_____和_____。

1-2 在轧制每卷带材时轧辊温度_____，在轧制间隙时间里轧辊温度_____。轧辊的温度随时间呈_____规律变化。

2. 判断题

2-1 在轧制中沿辊身长度方向上，轧辊的受热和散热条件不同，一般是辊身中部较两侧的温度高，因而辊身由于温度差产生一相对热凸度。 （ ）

2-2 轧机的温升时间接近30min。轧制30min后立即测量轧辊热胀，表明工作辊中部的热胀量几乎完全由30min内的接触时间决定，即由轧制速度决定。 （ ）

2-3 轧辊的热凸度在热轧带钢轧机机组的后几架轧机上显著减小，轧辊热凸度的突然减小可归因于在后几架轧机上带材的温度越来越低及变形能量越来越少。 （ ）

2-4 在带材边部附近工作辊的压扁变形迅速变小，这会在辊身的过渡带产生局部的张应力，而在此过渡带同时又有剪切应力的作用。其结果是，与轧辊其余部分的磨损相比，在带材边部的磨损更大。 （ ）

2-5 在七机架热轧带钢精轧机组中，局部磨损偏差量 C_r 在上游机架F1和F2上很小，到F5机架时达到最大值。 （ ）

2-6 在七机架热轧带钢精轧机组中，局部磨损偏差量 C_r 在上游机架F1和F2上很小，到F7机架时达到最大值。 （ ）

2-7 在六机架热轧带钢精轧机组中，机架F1和F2的总磨损随着吨位的增加只有少量的增加，而在机架F4、F5和F6中则迅速增加，其中机架F3似乎是轻微磨损与严重且迅速磨损的一个过渡。 （ ）

2-8 制定生产计划时主要根据合同来，先定的合同先生产，重要的合同优先生产。 （ ）

2-9 制定生产计划时宽度过渡原则一般由宽到窄。 （ ）

2-10 制定生产计划时宽度过渡原则一般由窄到宽。 （ ）

2-11 制定生产计划时厚度过渡原则一般由厚到薄变化。 （ ）

2-12 制定生产计划时厚度过渡原则一般由薄到厚变化。 （ ）

2-13 制定生产计划时宽度、厚度过渡相矛盾时，优先考虑宽度。 （ ）

2-14 制定生产计划时宽度、厚度过渡相矛盾时，优先考虑厚度。 （ ）

3. 单选题

3-1 编制热带精轧轧制单位时产品大纲中的极限材应加入以下哪一部分。（ ）

  A. 烫辊材 B. 过渡材 C. 主轧材 D. 轧辊利用材

3-2　编制热带精轧轧制单位时在同一生产期内宽厚比较大的产品应加入以下哪一部分。（　　　）

　　　　A. 烫辊材　　　　　B. 过渡材　　　　C. 主轧材　　　　　D. 轧辊利用材

3-3　编制热带精轧轧制单位时板形或厚度差要求严格的产品应加入以下哪一部分。（　　　）

　　　　A. 烫辊材　　　　　B. 过渡材　　　　C. 主轧材　　　　　D. 轧辊利用材

3-4　编制热带精轧轧制单位时在同一生产期内产品质量要求高，有一定操作控制难度的产品应加入以下哪一部分。（　　　）

　　　　A. 烫辊材　　　　　B. 过渡材　　　　C. 主轧材　　　　　D. 轧辊利用材

3-5　编制热带精轧轧制单位时最易轧尺寸的带材应加入以下哪一部分。（　　　）

　　　　A. 烫辊材　　　　　B. 过渡材　　　　C. 主轧材　　　　　D. 轧辊利用材

3-6　编制热带精轧轧制单位时品质要求一般，且容易达到的产品应加入以下哪一部分。（　　　）

　　　　A. 烫辊材　　　　　B. 过渡材　　　　C. 主轧材　　　　　D. 轧辊利用材

3-7　要想做到自由排序轧制首要的条件是（　　　）。

　　　　A. 工作辊横移轧机（WRS）　　　　　B. 热轧润滑

　　　　C. 新材质轧辊　　　　　　　　　　　　D. 高精度设定模型

4. 多选题

4-1　下面哪些轧材适合于做主轧材。（　　　）

　　　　A. 产品大纲中的极限材

　　　　B. 在同一生产期内宽厚比较大的产品

　　　　C. 板形或厚度差要求严格的产品

　　　　D. 在同一生产期内产品质量要求高，有一定操作控制难度的产品

4-2　下面哪些轧材适合于做烫辊材。（　　　）

　　　　A. 在同一生产期内宽厚比较大的产品

　　　　B. 最易轧的尺寸

　　　　C. 品质要求一般，且容易达到的产品

　　　　D. 板形或厚度差要求严格的产品

5. 名词解释题

5-1　轧制单位。

6. 简答题

6-1　确定轧制单位中的主轧材时应满足什么条件？

6-2　安排烫辊材的目的是什么？

6-3　要想做到自由排序轧制需要什么相关条件？

10 产品外观缺陷

10.1 表面缺陷

缺陷分类：连铸板坯带来的缺陷；热轧生产过程中产生的缺陷。

10.1.1 连铸板坯带来的缺陷

10.1.1.1 非金属夹杂

特征：表面上的非金属夹杂物，其大小和形状不一。夹杂沿轧制方向延伸，随机分布，并且其颜色与基体明显不同，呈耐火砖色、灰色、黑色等，如图 10-1 和图 10-2 所示。

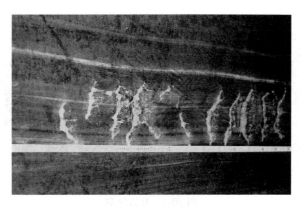

图片：白色大型非金属夹杂

图 10-1　白色大型非金属夹杂

图片：耐火砖色非金属夹杂

图 10-2　耐火砖色非金属夹杂

　　成因：夹杂主要由于锭坯表面粘有非金属夹杂物，轧制时未脱落。也可能是冶炼、浇注过程中带入的夹杂物、轧制后暴露出来。

　　影响：在钢板表面压入深度较浅的夹杂，容易清理，基本不影响钢板使用。深度较深的大型夹杂会造成钢板的判废。

10.1.1.2　气泡

　　特征：板带钢表面凸起内有气体，分布无规律，或大或小，而且是热轧时显现出来的。有闭口气泡和开口气泡之分，如图 10-3 和图 10-4 所示。

图 10-3　闭口气泡

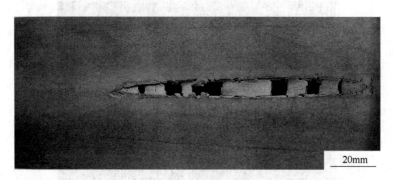

图 10-4　开口气泡

　　闭口气泡外形比较圆滑。气泡开裂后，裂口呈不规则的缝隙或孔隙，裂口周围有明显的胀裂产生的不规则"犬齿"，裂口的末梢有清晰的线状塌陷，裂口内部有肉眼可见的夹杂物富集。

　　成因：板坯由于大量气体在凝固过程中不能逸出，被封闭在内部而形成气体夹杂。在热轧时，空洞与孔穴被拉长，并随着轧材厚度减薄，被带至产品的表面或边部。最终，高的气体压力使产品表面或边部出现圆顶状的凸起物或挤出物。

　　影响：肉眼检查，钢板和钢带不得有气泡。钢板一处或多处、甚至大面积出现闭合或开裂的气隙及腔隙，通常情况下都造成钢板的判废。

10.1.1.3　分层

　　特征：带钢剪切断面上呈现未焊合的缝隙，有时在缝隙中有肉眼可见的夹杂物，严重的分层使钢板局部劈裂，分层产生的部位无规律，如图 10-5 所示。

图片：分
层缺陷

图 10-5 分层缺陷

成因：板坯内局部聚集过多气体或非金属夹杂物，在轧制过程中不能焊合；轧制前钢坯内部存在有裂纹、疏松、缩孔等缺陷，在轧制前由于变形条件不合适，内部缺陷不能完全焊合，产生分层；化学成分偏析严重，也能形成分层。

影响：分层对钢板的质量影响，取决于分层的严重程度，如果分布的较为弥散，对钢板的性能影响较小；如果分布较为密集，且有一定的长度和明显的宽度，将导致钢板的判废。

10.1.1.4 结疤

特征：以不规则的舌状、鱼鳞状、条状或 M 状的金属薄片分布于带钢表面。一种与带钢基体相连；另一种与带钢基体不相连，但黏合到表面上，易于脱落，脱落后形成较光滑的凹坑（常出现在带钢的头尾，且有一定的深度）。在结疤下面常有较多的非金属夹杂物或氧化铁皮，如图 10-6 所示。

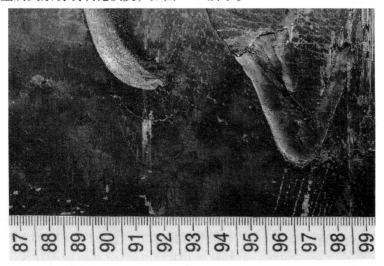

图片：结
疤缺陷

图 10-6 结疤缺陷

成因：结疤可以是铸锭期间产生的，也可以是轧制过程中材料表面位移或滑动造成的。由于板坯表面有结疤、毛刺，轧后残留在带钢表面。或板坯经火焰清理后留有残渣，在轧制中压入表面。

影响：结疤在钢板上的分布较为分散，通常数量较少，面积有小有大，但修磨后凹痕的深度大都超过钢板的厚度公差之半，对钢板的判定有一定的影响。

10.1.1.5　翘皮

特征：翘皮常呈舌状、线状、层状或 M 状折叠，不规则和鳞片状的细小的表面缺陷，不连续，薄材常出现翘起。在某些部位它们仍然与基体金属相连接，表现为细小的结疤颗粒，如图 10-7 所示。

图片：翘皮

图 10-7　翘皮

成因：铸坯内部近表面的针孔、气泡、夹杂，在轧制过程中易在带钢表面薄弱处暴露，或坯料表面不平，凹坑较深，轧制形成，在往返轧制过程中或卷取过程中部分表皮分层剥离翘起造成翘皮缺陷。

影响：根据标准和使用要求不同进行检查判断。深度较浅，如果用户同意接受，可协议销售。

10.1.2　热轧生产过程中产生的缺陷

10.1.2.1　氧化铁皮压入

特征：氧化铁皮压入带钢表面的一种缺陷，通常呈小斑点、鱼鳞状、条状、块状不规则分布于带钢上、下表面的全部或局部，常伴有粗糙的麻点状表面。有的疏松而易脱落，有的压入板面，经酸洗或喷砂处理后，出现不同程度的凹坑。根据缺陷产生的工序不同又可分为一次氧化铁皮压入和二次氧化铁皮压入，如图 10-8 所示。

图 10-8　氧化铁皮压入

成因：一次氧化铁皮压入是由于板坯本身氧化铁皮严重或板坯加热时产生严重的氧化铁皮，或除鳞时高压水压力偏低或部分除鳞喷嘴阻塞，氧化铁皮在粗轧前没有去除净，轧制时压入板面。二次氧化铁皮压入是在精轧时将二次氧化铁皮压入到带钢表面而形成的，由于单位压力大，热轧薄带钢更可能产生这种缺陷。

影响：钢板和带钢不得有压入氧化铁皮，一般允许存在轻微、局部不大于厚度公差之半的薄层氧化铁皮。

10.1.2.2 红锈

特征：红锈以不规则条块状或矛尖状沿整个宽度出现在带钢的一面或上下表面上。热轧后此区域通常呈淡红色，有时呈颗粒状并且明显比临近区域粗糙。这种缺陷只产生于特定的钢种，尤其是硅含量高的钢种。

成因：在轧前加热过程中，会出现与基体金属强烈啮合的特种氧化铁皮而形成红锈，这在高硅含量的钢种中较为常见。

影响：根据标准和使用要求不同判断。压入深度通常较浅，容易清理，基本不影响钢板使用，一般允许有不妨碍检查和使用的铁锈。

10.1.2.3 麻点

特征：带钢表面有局部的或连续的粗糙面，严重时呈橘皮状。在上下表面都可能出现，而且在整个带钢长度方向上的密度不均，如图 10-9 所示。

成因：轧辊温度比较高时，氧化铁皮黏附在轧辊上，轧制时压入板面出现麻点。氧化铁皮清除不净，压入金属表面，脱落后留下大小不一，形状各异、深浅不同的小凹坑；轧辊材质差或温度高磨损严重，轧制时板面也可能出现麻点。

影响：根据标准和使用要求不同检查判断。对钢板表面质量的影响程度取决于麻点在钢板表面形成的凹坑或凹痕的深度及对钢板表面质量要求的严格程度。通常情况下，经过修磨清理后，其深度不超过相应标准规定者不影响使用。

10.1.2.4 辊印

特征：钢板表面有点状、片状或条状的周期性凸起和凹坑分布于整个带钢长度或某一段区间内，如图 10-10 所示。

图 10-9 麻点

图 10-10 辊印

成因：周期性凸起是由于工作辊损伤造成的；周期性凹坑是由于工作辊、夹送辊或助卷辊粘有异物形成的凸起点引起的。根据缺陷的周期长度可判断出缺陷产生的原因和部位。根据其程度和原因的不同，在后续工序中这些缺陷可能被压平，其中可能夹带或不夹带氧化铁皮。

影响：根据标准和使用要求不同检查判断，一般允许有深度或高度不超过厚度公差之半的局部缺欠。

10.1.2.5 压痕

特征：金属或非金属外来物的压入会使带钢表面产生各种不同形状和尺寸的压痕，通常无周期分布于带钢的全长或局部。火焰清理毛边以及切屑（碎屑）主要附着于带钢的边部，而外来物则可在带钢全长和全宽的任一点压入，如图10-11所示。

成因：在轧制或精整时将同类或异类材料压入带钢表面。

影响：根据标准和使用要求不同检查判断，一般允许有深度或高度不超过厚度公差之半的局部缺欠。

10.1.2.6 划痕、擦刮伤

特征：轧件表面的机械损伤，其长度、宽度、深度各异。主要出现在沿轧制方

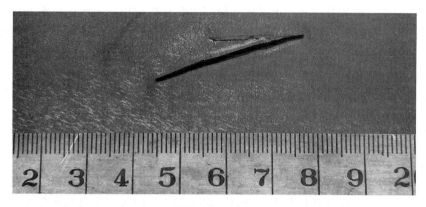

图 10-11 压痕

向或垂直于轧制方向上，可能有轻微的翻卷。高温下的划痕有薄层氧化铁皮，划痕颜色与钢板表面颜色基本相同；常温下的划痕呈现金属光泽或灰白色，如图 10-12 和图 10-13 所示。

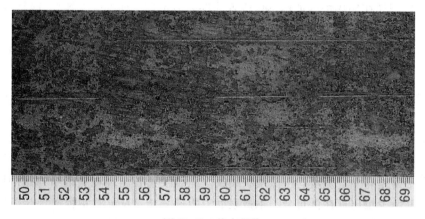

图片：热态划伤

图 10-12 热态划伤

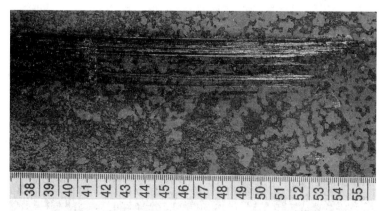

图片：冷态划伤

图 10-13 冷态划伤

成因：由于轧件与机械设备部件相对运动出现摩擦而产生。纵向缺陷是在辊道输送带钢或在卷取和开卷时产生；横向缺陷主要是在钢板横向运动或钢卷从卷取机卸卷时产生。擦刮伤还可能由于未卷紧的钢卷层间相对运动而产生。若轧件在高温时损伤，则在损伤区域就会产生氧化铁皮并在后续工序中被压入，这取决于它在何处生成。擦伤时将产生屑片，或在擦伤处的附近或尾部形成材料堆积。

影响：根据标准和使用要求检查判断，一般不超过厚度公差之半允许存在。

10.1.2.7　裂纹

特征：在钢板表面上形成具有一定深度和长度，一条或多条长短不一、宽窄不等、深浅不同、形状各异的条形缝隙或裂缝。从横截面观察，一般裂纹都有尖锐的根部，具有一定的深度并且与表面垂直，周边有严重的脱碳现象和非金属夹杂。裂纹破坏了钢板力学性能的连续性，是对钢板危害很大的缺陷。

成因：

（1）钢坯表面有横裂纹、纵裂纹、结疤或皮下气泡等缺陷，在轧制后没有被焊合或消除而演变为裂纹；

（2）钢坯在加热炉内加热不均或者轧件受力不均，使得轧件各部分延伸和宽展不一致，钢板在应力作用下形成裂纹；

（3）钢坯加热或轧件冷却速度过快，产生较强的热应力或组织应力集中，而产生裂纹；

（4）轧制过程中，喷水过多，使得轧制温度过低，钢板延展性变差，形成裂纹。

A　纵裂纹

特征：纵裂纹一般有两种形式：一种是成片状出现的沿轧制方向裂开的小裂口；另一种是有一定宽度的粗黑线状裂纹。纵裂纹主要出现在碳素结构钢钢板表面上，有时也少量出现在低合金类钢板表面，板厚大于 20mm 的钢板出现纵裂纹的概率比较大。纵裂纹破坏了钢板的横向连续性，对钢板危害性很大，如图 10-14 所示。

图片：纵裂纹

图 10-14　纵裂纹

成因：

（1）纵裂纹主要是由于钢坯在凝固过程中坯壳厚度不均造成的，当作用在坯壳的拉应力超过钢的允许强度时，在坯壳薄弱处产生应力集中而导致断裂，出结晶器后在二冷区扩展形成纵向裂纹，在纵向轧制中沿钢板轧制方向扩展并开裂；

（2）如果钢板出现多道贯穿轧制方向的裂纹，则有可能是较严重的钢坯横裂在钢坯横向轧制时扩展和开裂形成的；

（3）钢中大量气泡的存在，在加热及轧制过程中形成沿受力方向延伸的小裂纹，并经进一步扩展而导致开裂。

影响：视裂纹的长度、深度、数量、分布情况而定，通常情况下，导致钢板被判废的可能性很高。

B　横裂纹

特征：裂纹基本与钢板的轧制方向呈 30°~90° 夹角，呈不规则的条状或线状等形态，分布的位置、数量、状态、大小各异，具有一定深度和长度，破坏钢板纵向连续性，如图 10-15 所示。

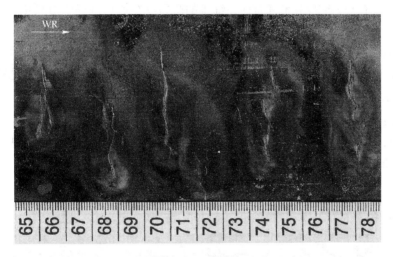

图片：横裂纹

图 10-15　横裂纹

成因：主要是由于钢坯振痕较深，造成振痕底部有微裂纹或坚壳带较薄；钢中的铝、氮含量较高，促使 AlN 质点沿奥氏体晶界析出，诱发横裂纹；钢坯在脆性温度 700~900℃ 矫直；二次冷却强度过高，导致钢坯横裂纹在轧制中扩展和开裂；或者是不明显的钢坯纵向裂纹在钢坯横向轧制时扩展和开裂。

影响：横裂纹在钢板表面表现形态较多，其深度通常在 0.5~1.5mm，个别严重的可达到钢板厚度的 1/4~1/3，造成钢板判废的倾向性较高。

C　皱裂

特征：在钢板表面呈现出数量较多、面积较大、较为短粗、长度不连续的横向裂纹，类似于冬季人手背部冻伤裂口，如图 10-16 所示。

图片：皴裂

图 10-16　皴裂

成因：当钢坯的加热温度过高时，钢的晶粒过分长大，晶间结合力减弱，使钢坯的热塑性降低或者因钢坯表面存在细小的微裂纹在加热过程中被氧化，轧制中在钢板表面和角部产生裂纹或裂缝。

影响：皴裂出现在钢板表面时，通常表现为数量较多、分布面积较大，修磨和清理难度较大，对钢板表面质量影响较大，大多情况下钢板被判废可能性较高。

D　龟裂

特征：钢板表面呈龟背状（网状）裂纹，一般长度较短，多呈弧形、人字形，方向各异，多产生在碳含量较高或合金含量较高、合金数量较多的钢板表面，在钢板垛放期间有时会发生裂纹扩展，导致钢板判废，如图 10-17 所示。

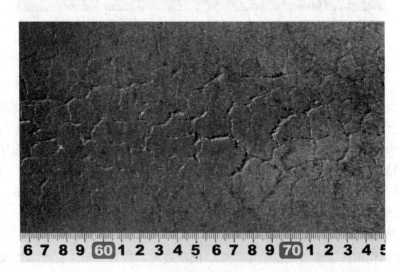

图片：龟裂

图 10-17　龟裂

成因：

（1）钢坯在较低温度进行火焰清理时，表面温度骤然升高引起热应力或在清理后的冷却过程中产生组织应力，使钢坯表面轻微的炸裂；

（2）钢坯加热温度或加热速度控制不当，造成钢坯局部过热(通常为钢坯的下加热面)，过热部分出现一定深度的脱碳层，降低了钢的塑性，在轧制中由于表面延伸产生龟裂；

（3）钢坯表面的网状裂纹或星形裂纹在轧制中扩展和开裂。

影响：从其产生的原因来说，钢板的表面存在着一定的脱碳层，有时也伴随或衍生出其他形态的裂纹。就深度而言，基本都超过钢板的厚度公差之半，因此判废的可能性较高。

E 发裂

特征：在钢板表面分布着形状不一、深度较浅的发状细纹，一般沿轧制方向排列，有长有短，有的分散，有的成簇分布，有时会布满钢板表面，有时沿钢板横向分布，如图 10-18 所示。

图片：发裂

图 10-18 发裂

成因：

（1）由于连铸机的一冷、二冷冷速及拉速不合理，或者保护渣选用不合适、保护渣受潮，造成钢坯表面出现许多微裂纹，在轧制中暴露和扩展；

（2）某些钢种因加热速度和加热温度不当使钢坯表面出现热裂纹和少量脱碳导致塑性降低，轧制中在钢板表面形成细小裂纹；

（3）钢坯本身存在的皮下气泡、皮下夹杂等，在轧制中暴露而形成微小裂纹。

影响：钢坯微裂纹形成的细小裂纹在钢板上的形态大多呈现出有规律的弧线形，弧线的顶端与轧制方向相同。加热不当产生的裂纹规律性不强，大多呈长短不一的"蚯蚓"形线状。发裂一般深度较浅，修磨清理后不影响使用。但发裂有时不易发现，在钢板弯曲或卷取加工时，如果缺陷在钢板外弧面将产生较为明显的裂纹或开裂。

F 微裂纹

特征：钢板表面的不同部位出现一些不易辨别的、形状不规则、缝隙细小、长度不连续、形态零乱的裂纹。这种裂纹有时在一定范围内以集中的形式出现，有时以零散分布的形式出现，有时与其他形态的裂纹或缺陷伴随出现，如图 10-19 所示。

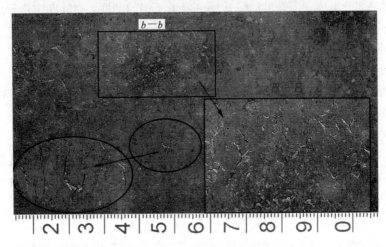

图 10-19 微裂纹

成因：微裂纹产生的原因是多方面的，大多数情况下与其他形态的裂纹或缺陷伴随出现，基本上是其他形态的裂纹或缺陷的衍生形态，其成因与相关联的裂纹或缺陷相同。其单独出现时，则是由于某些钢种的钢坯表面存在微裂纹；或钢坯加热温度不合理产生微裂纹或钢坯局部受热强度较高造成表面出现一定的魏氏组织或脱碳，导致塑性降低，轧制中在钢板表面以不同形态表现出来。

影响：单纯出现的微裂纹对钢板的影响较小，通常清理后深度小于钢板的公差之半；与其他形态的裂纹或缺陷伴随出现的微裂纹对钢板的影响，大多数情况下取决于伴生缺陷的严重程度。

G 带状裂纹

特征：在钢板表面上的分布面积较狭长，由各种形状不同、大小不一、个体之间相互渗透、单体面积不等的裂纹构成，整体表现为以条状或带状形态分布的裂纹在一定区域富集，条状或带状裂纹长度方向与钢板的轧制方向相同。这种缺陷在钢板表面呈现为单区域或多区域同时存在的形式，如图 10-20 所示。

成因：主要是由于钢坯表面存在较为密集的不同形态的细小裂纹，在轧制中暴露、扩展，由于裂纹个体间距较小，不同形态的裂纹相互渗透，从而在钢板表面形成较为密集的裂纹聚集区。

影响：条状或带状裂纹在大多数情况下是几个区域同时出现，其修磨后的深度基本上接近或超过钢板的负偏差，严重的呈现出明显的沟槽，深度可达 2mm 以上。因此，它对钢板的使用和改判影响显著，判废的倾向很高。

H 星裂

特征：在钢板表面分布着形状类似于簇状或不闭环多边形等形态较为复杂、深

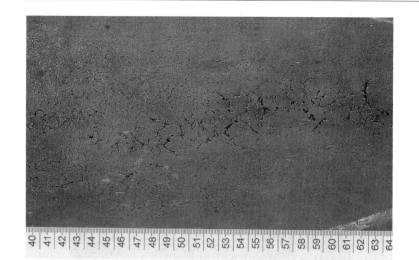

图片：带
状裂纹

图 10-20 带状裂纹

浅不一、清晰可见的裂纹。由于这种裂纹大多呈现为多边形的星状，故统称为星形裂纹。一般沿轧制方向呈带状分布，有的呈弥散分布，有的呈密集分布，裂纹内多含有硅酸盐等夹杂物。通常低合金钢种比普碳钢发生星裂的概率高，一般钢板越厚，出现星裂的几率就越高，如图 10-21 所示。

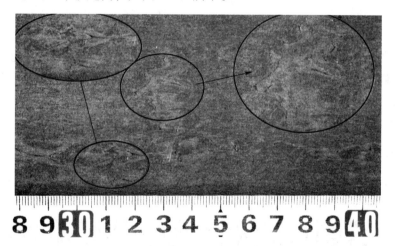

图 10-21 星裂

　　成因：星裂大多出现在锰、硅、铜、铝含量较高的钢种。来源于钢中或结晶器的铜原子在高温下有较高的自由能，容易向晶界扩散并富集在初生的奥氏体晶界上，硅酸盐类夹杂物也随钢水的流动富集在奥氏体晶界上，这都大大降低了晶界的强度，在钢坯的冷却过程中，由于晶粒收缩而在钢坯表面形成星形裂纹，这种带有星状裂纹的钢坯在加热时，裂纹间隙周边受到高温氧化气氛的侵蚀，出现脱碳层和魏氏组织，在轧制中由于表面的延展加剧了钢坯原生裂纹的扩展和演变。

　　影响：星裂对钢板质量的影响程度取决于星裂在钢板表面的分布状态，通常呈弥散分布的星裂其深度较浅，大多数情况下清理后不超过钢板的负公差；呈较密集带状分布的星裂其深度基本上都超过钢板的负偏差，对钢板的判定影响较大，判废的倾向性较高。

10.1.2.8　边裂

特征：带钢边缘沿长度方向一侧或两侧产生破裂，有明显的金属掉肉、裂口，严重者呈锯齿状，如图 10-22 所示。

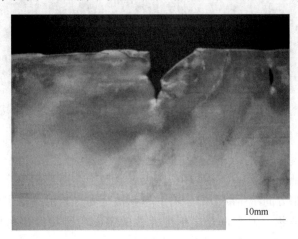

图 10-22　边裂

成因：边裂易出现在板坯轧制过程，由于轧辊调整不好、辊型不合适或边部温度低，轧制过程中刮碰导尺，轧制时因延伸不好而破裂，另外也会出现在冷却过程。这类缺陷形成的更进一步的原因在于材料边部的局部区域受到超过它的强度极限的应力。

影响：肉眼检查，钢板和钢带不得有边裂。

10.1.2.9　穿裂

特征：贯穿带钢上下表面的局部裂口，在带钢表面无规则、不连续分布，如图 10-23 所示。

图 10-23　穿裂

成因：由于塑性变形过大、材料局部应力过大造成。材料局部应力过大通常由诸如裂纹、空洞、夹渣或粗糙、压入物等缺陷所引起。另外，轧件几何尺寸的变化、表面机械损伤等也会导致穿裂。

影响：肉眼检查，钢板和钢带不得有穿裂。

10.1.2.10　折叠

特征：不规则的表面材料重叠，可能呈线状、舌状或层状，也可能呈 M 状，可出现在轧材表面的不同部位，如图 10-24 所示。

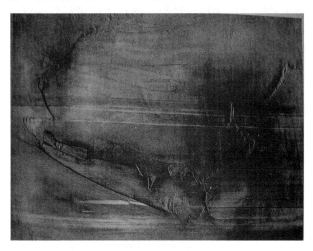

图 10-24　折叠

成因：板坯表面裂纹、在推钢式加热炉中造成的板坯底面擦伤或其他原因造成的板面受损等初始缺陷在后续的轧制过程中承受过压轧制会形成折叠。此外，也可能是轧制时边部材料流动不均匀（可能重叠至表面）或板坯边部不适当变形、辊型配置不合理、轧辊掉肉引起。

影响：肉眼检查，钢板和钢带不得有折叠。

10.1.2.11　皱折

特征：一种类似皱纹的重叠，常发生在带钢尾部，如图 10-25 所示。

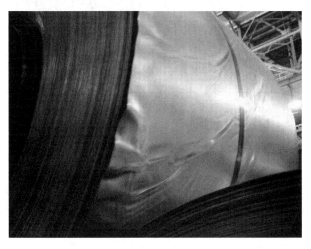

图片：皱折

图 10-25　皱折

成因：由于辊型变化、进入精轧的轧件镰刀弯过大或尾部不规则部分过长，在轧制中带钢尾部甩动造成。

影响：肉眼检查，钢板和钢带不得有皱折，缺陷应切除。

10.1.2.12 折边

特征：某些突出的带圈出现边部加厚、卷边或机械损伤等形式的一种缺陷，如图 10-26 所示。

图片：折边

图 10-26 折边

成因：由于带钢在卷取或传送过程中侧导卫过强纠偏或卷取不当使一些带圈层突出，并在带卷装卸、运输和存储时形成接触损伤而产生。

影响：根据标准和使用要求检查判断，一般横向深度不允许超过宽度偏差之半。

10.1.2.13 带钢重叠

特征：一种皱折或弯折，出现在与轧制方向成直角或斜线方向的带钢整个宽度上，如图 10-27 所示。

图 10-27 带钢重叠

成因：在带钢轧制过程中，若精轧机组中出现过度的活套，在带钢通过下一机架时活套将被轧成重叠；若带钢在输出辊道上形成活套或皱折，便会被后续的带圈在卷取机中压扁并夹带进钢卷。

影响：带钢不得有重叠，局部应切除。

10.1.2.14　横折印

特征：垂直轧向的横向折印，以规则或不规则的间距横贯带钢，或位于带钢边部，如图 10-28 所示。

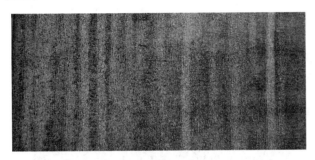

图 10-28　横折印

成因：带钢在开卷过程中沿运动方向局部屈服的结果。卷筒和弯辊或导向辊的几何设计以及带钢的厚度、温度都对横折印的形成有重要影响。高的屈服延伸，尤其是伴有低屈服强度时出现横折印的倾向会明显增加。由于屈服和应变过程与时间有关，故在较高的带钢开卷速度下产生横折印的倾向减小。此缺陷通常发生在张力过高而超过材料屈服极限，并且未配备消除横折印系统的情况下。

影响：根据标准和使用要求检查判断。

10.1.2.15　网纹

特征：钢板表面出现周期性、龟背状或其他形态网状的凸起，如图 10-29 所示。

图片：网纹

图 10-29　网纹

成因：轧制过程中，由于工作辊冷却水不合理、换辊周期较长、轧制时"卡钢"造成"烧辊"、轧辊制造的质量与轧辊材质选用问题等原因，在轧辊表面出现一条或多条连续或局部的龟背状或其他形态的网状裂纹，有时因轧辊质量问题产生的轧辊表面裂纹可布满整个辊面。这些裂纹，在轧制中压刻在钢板表面，从而形成凸起的纹络。

影响：网纹对钢板质量有较大的影响，严重粗糙了钢板表面，大大影响了钢板的加工与使用。通常网纹凸起的高度与辊面的龟裂严重程度有关，其判定取决于钢板的实际厚度加网纹的高度是否超过钢板的最大厚度，或者网纹的高度是否超过钢板的正公差。

10.1.2.16　花纹板基板不平

特征：花纹的基板有明显的凸起与凹陷，呈鱼鳞状，全板面分布或沿纵向带状分布，如图 10-30 和图 10-31 所示。

图片：全板面分布花纹板基板不平

图 10-30　全板面分布花纹板基板不平

图片：局部花纹板基板不平

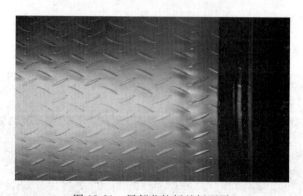

图 10-31　局部花纹板基板不平

成因：花纹板在卷取过程中，由于卷取温度较高或助卷辊压力过大，使内层花纹对外层板面有一个相当大的反作用力，导致板面（基板）凹陷不平。花纹辊刻制出现偏差，局部辊径大，导致局部压下量大，局部纹高突出，出现局部基板不平。

影响：执行协议销售；特别严重者判定为封锁。

10.1.2.17　花纹板粘钢

特征：花纹边部粘肉，边部严重粗糙，如图 10-32 所示。

成因：花纹辊轧制量过大，造成纹槽边部磨损严重，轧制后在花纹根部粘钢。

影响：执行协议销售，严重者判定为封锁。

图片：花
纹板粘钢

图 10-32　花纹板粘钢

10.1.2.18　花纹板纹高不够

特征：纹高达不到国标规定的基板厚度的 0.2 倍（在轧制 5.8mm 以上的厚度时较易发生），如图 10-33 所示。

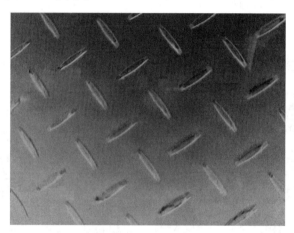

图 10-33　花纹板纹高不够

成因：轧制压下量小；轧辊纹槽的刻度不符合要求；轧辊纹槽使用过老，深度过浅。

影响：通常判为"待处理"，执行协议销售，特别严重时判为封锁。

10.2　卷　形　缺　陷

10.2.1　塔形

特征：钢卷一端呈宝塔状、馒头状，有内塔、外塔。

成因：轧机调整不当使轧出的带钢有镰刀弯；卷取机调整不当；卷筒打滑；卷

取机前侧导板的位置安装不当，使对带钢的导向出现偏差；卷取机卷筒胀径过大，致使卷筒收缩后，卷筒与板卷内圈仍然紧紧接触，卸卷时将内几圈带出，形成"塔形"，如图 10-34 所示。

图片：塔形

图 10-34 塔形

影响：测量塔形高度，根据标准判断。送至平分线进行重卷，对无法重卷的规格，视塔形程度，判为封锁或协议发货。

10.2.2 松卷

特征：带钢卷的不紧，圈与圈之间有较大间隙或松开，如图 10-35 所示。

图片：松卷

(a)   (b)

图 10-35 松卷

(a) 松卷之一；(b) 松卷之二

成因：卷取张力小或卷取张力出现大的波动；卷取温度低或者过高；捆带断或钢种硬度高或者成品规格比较薄；轧机速度、辊道速度的匹配出现偏差；助卷辊压力不够或助卷辊的工作出现异常。

影响：根据标准和使用要求判断。送至平分线进行重卷，对无法重卷的规格，视松卷程度，判为封锁或协议发货。

10.2.3 扁卷

特征：钢卷断面不圆，呈椭圆形。

成因：来料卷层松动，高温堆放，堆垛挤压造成或者卷取温度过高。

影响：用肉眼，必要时测量，根据标准和使用要求判断。严重扁卷（不能进入开卷机组）判废。

10.2.4 亮带（凸棱）

特征：沿钢卷周向局部呈线性明显增厚，肉眼观察有亮带，用手摸有凸棱。

成因：工作辊冷却水嘴堵等造成局部辊形问题；因轧制计划不合理或精轧工作辊硬度不均造成辊面磨损过度；带钢局部温度低。

影响：肉眼或千分尺测量，根据标准和使用要求进行检查判断。

复习思考题

1. 填空题

1-1 产品外观缺陷分为两类：_____；_____。

2. 单选题

2-1 以下缺陷属于连铸板坯带来的缺陷的是（　　　）。
    A. 氧化铁皮压入　　　B. 辊印　　　　　C. 非金属夹杂　　　D. 压痕

2-2 以下缺陷属于连铸板坯带来的缺陷的是（　　　）。
    A. 氧化铁皮压入　　　B. 辊印　　　　　C. 气泡　　　　　　D. 压痕

2-3 以下缺陷属于连铸板坯带来的缺陷的是（　　　）。
    A. 氧化铁皮压入　　　B. 辊印　　　　　C. 分层　　　　　　D. 压痕

2-4 以下缺陷属于连铸板坯带来的缺陷的是（　　　）。
    A. 氧化铁皮压入　　　B. 辊印　　　　　C. 结疤　　　　　　D. 压痕

2-5 以下缺陷属于连铸板坯带来的缺陷的是（　　　）。
    A. 氧化铁皮压入　　　B. 辊印　　　　　C. 翘皮　　　　　　D. 压痕

2-6 以下缺陷属于热轧生产过程中产生的缺陷的是（　　　）。
    A. 非金属夹杂　　　B. 氧化铁皮压入　C. 气泡　　　　　　D. 结疤

2-7 以下缺陷属于热轧生产过程中产生的缺陷的是（　　　）。
    A. 非金属夹杂　　　B. 红锈　　　　　C. 气泡　　　　　　D. 结疤

2-8 以下缺陷属于热轧生产过程中产生的缺陷的是（　　　）。
    A. 非金属夹杂　　　B. 麻点　　　　　C. 气泡　　　　　　D. 结疤

2-9 以下缺陷属于热轧生产过程中产生的缺陷的是（　　　）。
    A. 非金属夹杂　　　B. 辊印　　　　　C. 气泡　　　　　　D. 结疤

2-10 以下缺陷属于热轧生产过程中产生的缺陷的是（　　　）。
    A. 非金属夹杂　　　B. 压痕　　　　　C. 气泡　　　　　　D. 结疤

2-11 以下缺陷属于热轧生产过程中产生的缺陷的是（　　　）。
    A. 非金属夹杂　　　B. 划痕　　　　　C. 气泡　　　　　　D. 结疤

2-12 以下缺陷属于热轧生产过程中产生的缺陷的是（　　　）。

　　　　A. 非金属夹杂　　　　B. 擦刮伤　　　　C. 气泡　　　　　　　D. 结疤

2-13　以下缺陷属于热轧生产过程中产生的缺陷的是（　　　）。

　　　　A. 非金属夹杂　　　　B. 裂纹　　　　　C. 气泡　　　　　　　D. 结疤

2-14　以下缺陷属于热轧生产过程中产生的缺陷的是（　　　）。

　　　　A. 非金属夹杂　　　　B. 边裂　　　　　C. 气泡　　　　　　　D. 结疤

2-15　以下缺陷属于热轧生产过程中产生的缺陷的是（　　　）。

　　　　A. 非金属夹杂　　　　B. 穿裂　　　　　C. 气泡　　　　　　　D. 结疤

2-16　以下缺陷属于热轧生产过程中产生的缺陷的是（　　　）。

　　　　A. 非金属夹杂　　　　B. 折叠　　　　　C. 气泡　　　　　　　D. 结疤

2-17　以下缺陷属于热轧生产过程中产生的缺陷的是（　　　）。

　　　　A. 非金属夹杂　　　　B. 皱褶　　　　　C. 气泡　　　　　　　D. 结疤

2-18　以下缺陷属于热轧生产过程中产生的缺陷的是（　　　）。

　　　　A. 非金属夹杂　　　　B. 折边　　　　　C. 气泡　　　　　　　D. 结疤

2-19　以下缺陷属于热轧生产过程中产生的缺陷的是（　　　）。

　　　　A. 非金属夹杂　　　　B. 带钢重叠　　　C. 气泡　　　　　　　D. 结疤

2-20　以下缺陷属于热轧生产过程中产生的缺陷的是（　　　）。

　　　　A. 非金属夹杂　　　　B. 横折印　　　　C. 气泡　　　　　　　D. 结疤

2-21　以下缺陷属于热轧生产过程中产生的缺陷的是（　　　）。

　　　　A. 非金属夹杂　　　　B. 网纹　　　　　C. 气泡　　　　　　　D. 结疤

2-22　以下缺陷属于热轧生产过程中产生的缺陷的是（　　　）。

　　　　A. 非金属夹杂　　　　B. 花纹板基板不平　C. 气泡　　　　　　D. 结疤

2-23　以下缺陷属于热轧生产过程中产生的缺陷的是（　　　）。

　　　　A. 非金属夹杂　　　　B. 花纹板粘钢　　C. 气泡　　　　　　　D. 结疤

2-24　以下缺陷属于热轧生产过程中产生的缺陷的是（　　　）。

　　　　A. 非金属夹杂　　　　B. 花纹板纹高不够　C. 气泡　　　　　　D. 结疤

2-25　以下缺陷属于卷形缺陷的是（　　　）。

　　　　A. 非金属夹杂　　　　B. 塔形　　　　　C. 气泡　　　　　　　D. 结疤

2-26　以下缺陷属于卷形缺陷的是（　　　）。

　　　　A. 非金属夹杂　　　　B. 松卷　　　　　C. 气泡　　　　　　　D. 结疤

2-27　以下缺陷属于卷形缺陷的是（　　　）。

　　　　A. 非金属夹杂　　　　B. 扁卷　　　　　C. 气泡　　　　　　　D. 结疤

2-28　以下缺陷属于卷形缺陷的是（　　　）。

　　　　A. 非金属夹杂　　　　B. 亮带（凸棱）　C. 气泡　　　　　　　D. 结疤

3. 多选题

3-1　以下缺陷属于连铸板坯带来的缺陷的是（　　　　）。

　　　　A. 气泡　　　　　　　B. 辊印　　　　　C. 非金属夹杂　　　　D. 压痕

3-2　以下缺陷属于连铸板坯带来的缺陷的是（　　　　）。

　　　　A. 分层　　　　　　　B. 辊印　　　　　C. 结疤　　　　　　　D. 压痕

3-3　以下缺陷属于连铸板坯带来的缺陷的是（　　　　）。

　　　　A. 分层　　　　　　　B. 辊印　　　　　C. 非金属夹杂　　　　D. 压痕

3-4　以下缺陷属于连铸板坯带来的缺陷的是（　　　　）。

　　　　A. 翘皮　　　　　　　B. 辊印　　　　　C. 非金属夹杂　　　　D. 压痕

3-5　以下缺陷属于热轧生产过程中产生的缺陷的是（　　　　）。

A. 非金属夹杂   B. 麻点

C. 气泡   D. 氧化铁皮压入

3-6 以下缺陷属于卷形缺陷的是（   ）。

A. 非金属夹杂   B. 扁卷   C. 气泡   D. 松卷

4. 简答题

4-1 列举 5 个连铸板坯带来的缺陷名称。

4-2 列举 5 个热轧生产过程中产生的缺陷名称。

4-3 列举 4 个卷形缺陷名称。

4-4 在表 10-1 中写出以下字母所代表的含义。

表 10-1　题 4-4 表

AGC	APC	AWC	R（轧机）	F（轧机）	WRS
E（轧机）	AJC	PR	WR	MD	E（辊道）

4-5 根据缺陷图片，在表 10-2 中每个图片下面写出缺陷名称。

表 10-2　题 4-5 表

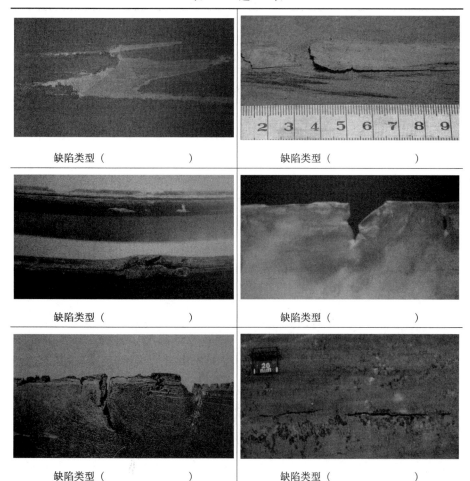

缺陷类型（   ）　　　　　缺陷类型（   ）

缺陷类型（   ）　　　　　缺陷类型（   ）

缺陷类型（   ）　　　　　缺陷类型（   ）

缺陷类型（　　　　　　　　）　　　　缺陷类型（　　　　　　　　）

缺陷类型（　　　　　　　　）　　　　缺陷类型（　　　　　　　　）

参 考 文 献

[1] 刘玠. 热轧生产自动化技术 [M]. 北京：冶金工业出版社，2006.

[2] 中国金属学会热轧板带学术委员会. 中国热轧宽带钢轧机及生产技术 [M]. 北京：冶金工业出版社，2002.

[3] 张景进. 热连轧带钢生产 [M]. 北京：冶金工业出版社，2005.

[4] 王廷溥. 板带材生产原理与工艺 [M]. 北京：冶金工业出版社，1995.

[5] 许石民，孙登月. 板带材生产工艺及设备 [M]. 北京：冶金工业出版社，2008.

[6] 济南钢铁集团总公司，东北大学轧制技术与连轧自动化国家重点实验室. 中厚板外观缺陷的种类、形态及成因 [M]. 北京：冶金工业出版社，2005.

[7] V. B. 金兹伯格. 高精度板带材轧制理论与实践 [M]. 北京：冶金工业出版社，2002.

[8] 张筱琪. 机电设备控制基础 [M]. 北京：中国人民大学出版社，2000.

[9] 唐谋凤. 现代带钢热连轧机的自动化 [M]. 北京：冶金工业出版社，1988.

[10] 刘玠，孙一康. 带钢热连轧计算机控制 [M]. 北京：机械工业出版社，1997.

[11] 孙一康. 带钢热连轧的模型与控制 [M]. 北京：冶金工业出版社，2002.

[12] 赵刚，杨永立. 轧制过程的计算机控制系统 [M]. 北京：冶金工业出版社，2002.

[13] 丁修坤. 轧制过程自动化 [M]. 北京：冶金工业出版社，1986.

[14] 刘天佑. 钢材质量检验 [M]. 北京：冶金工业出版社，1999.

[15] 赵志业. 金属塑性变形与轧制理论 [M]. 北京：冶金工业出版社，1980.

[16] 邹家祥. 轧钢机械 [M]. 北京：冶金工业出版社，1980.

[17] 曲克. 轧钢工艺学 [M]. 北京：冶金工业出版社，1991.

[18] 滕长岭. 钢铁产品标准化工作手册 [M]. 北京：中国标准出版社，1999.

[19] 冶金工业部信息标准研究院标准研究部. 钢板及钢带标准汇编 [M]. 北京：冶金工业出版社，1998.

[20] 崔风平，孙玮，刘彦春. 中厚板生产与质量控制 [M]. 北京：冶金工业出版社，2008.

[21] GB/T 15574—1995，钢产品分类 [S].

[22] GB/T 709—2006，热轧钢板和钢带的尺寸、外形、重量及允许偏差 [S].

[23] GB/T 14977—2008，热轧钢板表面质量的一般要求 [S].

[24] GB/T 247—2008，钢板和钢带包装、标志及质量证明书的一般规定 [S].

[25] 黄庆学，梁爱生. 高精度轧制技术 [M]. 北京：冶金工业出版社，2002.

冶金工业出版社部分图书推荐

书　名	作　者				定价(元)
冶金专业英语（第3版）	侯向东				49.00
电弧炉炼钢生产（第2版）	董中奇	王　杨	张保玉		49.00
转炉炼钢操作与控制（第2版）	李　荣	史学红			58.00
金属塑性变形技术应用	孙　颖	张慧云	郑留伟	赵晓青	49.00
自动检测和过程控制（第5版）	刘玉长	黄学章	宋彦坡		59.00
新编金工实习（数字资源版）	韦健毫				36.00
化学分析技术（第2版）	乔仙蓉				46.00
冶金工程专业英语	孙立根				36.00
连铸设计原理	孙立根				39.00
金属塑性成形理论（第2版）	徐　春	阳　辉	张　弛		49.00
金属压力加工原理（第2版）	魏立群				48.00
现代冶金工艺学——有色金属冶金卷	王兆文	谢　锋			68.00
有色金属冶金实验	王　伟	谢　锋			28.00
轧钢生产典型案例——热轧与冷轧带钢生产	杨卫东				39.00
Introduction of Metallurgy 冶金概论	宫　娜				59.00
The Technology of Secondary Refining 炉外精炼技术	张志超				56.00
Steelmaking Technology 炼钢生产技术	李秀娟				49.00
Continuous Casting Technology 连铸生产技术	于万松				58.00
CNC Machining Technology 数控加工技术	王晓霞				59.00
烧结生产与操作	刘燕霞	冯二莲			48.00
钢铁厂实用安全技术	吕国成	包丽明			43.00
炉外精炼技术（第2版）	张士宪	赵晓萍	关　昕		56.00
湿法冶金设备	黄　卉	张凤霞			31.00
炼钢设备维护（第2版）	时彦林				39.00
炼钢生产技术	韩立浩	黄伟青	李跃华		42.00
轧钢加热技术	戚翠芬	张树海	张志旺		48.00
金属矿地下开采（第3版）	陈国山	刘洪学			59.00
矿山地质技术（第2版）	刘洪学	陈国山			59.00
智能生产线技术及应用	尹凌鹏	刘俊杰	李雨健		49.00
机械制图	孙如军	李　泽	孙　莉	张维友	49.00
SolidWorks 实用教程30例	陈智琴				29.00
机械工程安装与管理——BIM技术应用	邓祥伟	张德操			39.00
化工设计课程设计	郭文瑶	朱　晟			39.00
化工原理实验	辛志玲	朱　晟	张　萍		33.00
能源化工专业生产实习教程	张　萍	辛志玲	朱　晟		46.00
物理性污染控制实验	张　庆				29.00